你无法改变世界时改变自己

思履 编著

吉林文史出版社
JILIN WENSHI CHUBANSHE

图书在版编目（CIP）数据

你无法改变世界时改变自己 / 思履编著. -- 长春 :吉林文史出版社,
2017.5

ISBN 978-7-5472-4083-0

Ⅰ.①你… Ⅱ.①思… Ⅲ.①人生哲学－通俗读物 Ⅳ.①B821-49

中国版本图书馆CIP数据核字(2017)第091439号

你无法改变世界时改变自己
NI WUFA GAIBIAN SHIJIESHI GAIBIANZIJI

出 版 人	孙建军
编著者	思 履
责任编辑	于 涉 董 芳
责任校对	薛 雨 　王莹莹
封面设计	韩立强
出版发行	吉林文史出版社有限责任公司（长春市人民大街4646号） www.jlws.com.cn
印 刷	北京海德伟业印务有限公司
版 次	2017年5月第1版 　2017年5月第1次印刷
开 本	640mm×920mm 　16开
字 数	208千
印 张	16
书 号	ISBN 978-7-5472-4083-0
定 价	49.00元

序
改变世界前，不妨先改变自己

在威斯敏斯特大教堂的地下墓碑林中，有一块墓碑因为它上面的碑文而名扬世界，上面刻着这样的一段话：

"在我年轻的时候，渴望自由，拥有无穷的想象力，我梦想能够改变世界，在我逐渐长大的时候后，逐渐聪明了许多，我发现改变世界很难，于是我决定只改变我的国家；然而改变国家我也无能为力，在我垂垂老矣的时候，我还想做最后一搏，我决定要改变我的家人；但是即使是那些我最亲近的人，我也难以改变。现在我已经到了生命的尽头，我恍然大悟：如果我能够首先改变自己，或许我能够用自己的榜样来影响家人；在他们的感召和鼓励之下，也许我能够让我的国家变得更好；进而，天知道，或许我真的就改变了世界。"

这是一段闻名遐迩的话，里面蕴藏了深刻的哲理。我们总是梦想着要改变世界，可是在经历了无数次头破血流之后，我们才会明白，在世界这个庞然大物面前，我们的力量显得太微不足道。与其为着几乎不可变的因素委屈了自己，不如去努力改变自己。

每个人在人生的发展中都会遇到很多意想不到的事情，这些事情有的令人欢欣鼓舞，有的令人倍感沮丧。无论是哪种类型的事情，人们都会深有体会地感觉到：自己的快乐与忧伤都

1

不能让现实的环境作出改变，相反，现实的环境在某些时候还会影响到自身的变化。简单来说，就是自己不可能改变环境，只能改变自己，去适应环境。或许一些人固执地认为自己可以改变环境，而无需去适应环境。当这些人在现实中遭遇到挫折或者人生出现变故时，无情且残酷的现实会将他们此前固执的想法彻底击穿，并将他们击打得跌跌撞撞。为此，他们不再像以前那样坚定，因为他们深刻地体会到了自己只有适应环境的变化，才能避免被残酷的环境击打得"头破血流"。

然而，现实中的每个人对工作、生活、成功等方面的态度或许都不会相同。篮球巨星迈克尔·乔丹对人生的态度是："虽然自己的出身不能改变，但却可以改变自己的命运。"国际战略管理大师加里·哈默尔对工作的态度是："世界上根本不存在绝对的公平，工作中同样如此。"美国成功学大师戴尔·卡耐基对生活的态度是："在感情上不能解决的问题，再过度的感伤也没有用，不如放开心胸，接纳它。"长江实业集团有限公司董事局主席李嘉诚对成功的态度是："不为失败找借口，只为成功找方法。"……从他们所持的态度中可以看出，工作、生活、成功是他们毕生所努力的方向，更可以将这些看成是他们经营的人生事业。他们在人生发展中，虽然也会经历一些突如其来的挫折或不顺，但这些并没有将他们击倒，反而让他们的内心变得更加坚定，而且他们相信属于自己的成功终会实现。事实上，经过一番努力，这些人真的收获了成功。

"穷则变，变则通，通则久。"说的是事物处于穷尽局面则必须变革，变革后才会通达，通达就能长久。人最大的敌人是自己，是自己的思维定式，有时甚至会导致很多发展机会的流失。其实，改变这种思维定式也不需要你做出多大的牺牲，只是从生活习惯和工作习惯的小事入手，一点点改变就可以了。

"变"每时每刻都在发生。我们生活在一个不断变化的环境中：世界在变、国家在变、市场在变、需求在变、目标客户在变、竞争对手在变、生产成本在变、产销量在变、价格在变、员工在变、合作伙伴在变……换句话说，这世界上唯一不变的就是"变"。无论是集体还是个人，想要在激烈的竞争中立于不败之地，就必须随时做出改变，将改变形成一种习惯，长期坚持下去。这样才能走在别人的前头，对问题做出提前的反应，才能确立自己的优势地位。因此，若想领先一步，想在竞争中脱颖而出，就需要将改变进行到底。

　　人生就像一场旅行，从来都没有一帆风顺。在旅途中，我们会遇到这样或那样的风景，有风和日丽，有电闪雷鸣，有缤纷美丽，有坎坷泥泞。在这场旅行中，窘境和困境无处不在，不幸和烦恼也随时可见。面对种种的不顺，我们该何去何从？顺境也好，逆境也罢，往往都因人们不同的心态而呈现出不同的样子。对于达观者来说，即使是在困境中也有一颗快乐的心，逆境也变成顺境；而忧愁者即使在顺境中也会有一颗烦恼的心，顺境也变成逆境。快乐的人总能够在各种境遇中培养自己的好心境，能够用心享受当下最简单的生活。相由心生，境随心转。我们生活中发生的事情，没有绝对的好，也没有绝对的坏，关键是你怀着怎样的心态，如果你能用乐观的心态看待生活中的不幸与烦恼，你就会收获一片阳光，但如果你用一种悲观的心态去看待问题，那你的世界到处都充满阴霾。因此，我们在现实生活和工作中，遇事要能够释怀、看开、放下，如果情绪起伏不定，不能自制，就会因此而不快乐，忧心忡忡。是快乐，还是烦恼，都取决于我们自己的内心。所以，当你无法改变世界时，唯有改变自己。

目　录

1

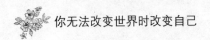

第六篇　无法改变事情，可以改变心情

第1章　接受不能改变的事实

第2章　不以心情好坏来做事

第3章　凡事往好处想

第一篇

世界如此强势，你能做些什么

第1章

内心强大，从建立心理优势开始

1. 建立在任何人面前都不被摧毁的心理优势

从古至今，世界上涌现出了特别多心理强大的名人。他们有的来自于西方，有的来自于中国，有脱离世俗的佛教修行者，也有在人类智慧的顶端进行思考的哲学家。譬如苏格拉底、耶稣、文天祥、老子等等，他们都属于内心强大的人。

这些内心强大的人具有一个共性：能忍凡人所不能忍。他们或者可以忍受穷困的生活，或者可以忍受多年牢狱之苦，或者可以忍受身体上的剧痛，或者可以忍住面对死亡的恐惧。即使在一些极端的情况下，他们也可以一直保持着坚不可摧的心理优势。

请朋友们注意，此处所说的"心理强大"一词，并没有带任何的感情色彩，一个心理强大的人可以是一个造福世界的人，当然也可以是一个无恶不作的人。从社会科学角度来看，它属于"价值中立"类型。心理是不是强大本来就不属于道德的范畴，更不能对其进行好坏的评价。

一个人心理强大到极点，人性膨胀造成价值观扭曲。那么他或许会走向两个极端：一个极端便是具有非凡的胆量去造福社会，譬如基督；另一个极端便是具有非凡的胆量去破坏世界，譬如希特勒。

由于"心理强大"这个概念具有模糊性，为了让朋友们对这一概念更加了解，下面给大家提供对于"心理强大"这一词的几种不同解释：

第一种解释：世人眼中的心理强大。

假如一个人具有非凡的财富及权势，他可以凭借权势及财富去欺凌弱小，那这是不是就代表他特别强大呢？

20 个世纪 60 年代，美国的某位思想家曾在接受某家电视台采访时讲了下面的一个故事：

一天下午，一个客户来到某家邮局里想要邮寄一个快递，可是刚好邮局下班了。于是，邮局工作人员告诉这个客户，让他明天再来寄快递。不管这位客户怎样请求，邮局的工作人员都没有通融。就在客户带着绝望与愤怒的心情离开后，看着客户离去的背影，邮局的工作人员脸上露出了一丝微笑，此时，这种微笑就属于"施虐狂式的微笑"。

这位讲述故事的思想家名叫埃里希·弗洛姆，他是一个犹太人，更是一位精神分析大师及和平主义者，最重要的是他是一个好人。

在此我们需要共同探讨的问题是：邮局工作人员在客户心目中是否是心理强大的人呢？

弗洛姆坚定地说：肯定不是！那些凭借权力来对他人施虐的人实际上就是懦夫。正是由于他们本身没有多少能力，所以他们才会想要凭借"合法"地行使职权，抓住及虐待那些能够被他们权力所掌握的猎物，以期让自己觉得有了特别的力量，来获得内心的满足。那些喜欢用钱支配其他人的人也是属于这种情况。

换句话说：这些人所表现出来的心理强势，只是由于他们所具有的权力给他们带来的心理幻觉而已，一旦这些权力消失，他们的心理优势就会土崩瓦解。

我们之所以会产生"这些人很强大"的错觉，主要原因是我们通常会被许多表面的现象所蒙蔽，而拒绝看清事物的本质。这并不是别人故意让你受骗，与其去指责别人让你看错，不如好好反省一下自己，是不是自己没有看到事情的本质呢？很多时候，我们会犯自欺欺人的毛病，我们实际上是按照自己心里的想法及想象把他人看成了某种样子，可是别人却根本不是我们想象的那样。

第二种解释：智力范围的心理强大。

当某个头脑灵活的人站在某个反映迟钝的人面前时，头脑灵活的人会觉得特别有心理优势。

同理，一些人生经历丰富的人，或者知识渊博的人，会比其他人显得更加强大和有主见。这种心理强大来源于他可以预见到某些事情的发展方向。因此，他对于世界所具有的陌生感带来的危险在心理防御方面的能力就会有所增加。譬如一个人知道明天会下雪，那么尽管明天的下雪对他而言是一件不可控制的事情，然而他在心理上却可以对这一事情进行控制。

第三种解释：哲学、宗教层面上的心理强大。

在哲学修行者眼前，世间的所有纷扰均被他的心理能力所化解，就算是死亡也不再是一种威胁，而属于世间生活的另一种延续，它有可能还是天堂的入口。所以，在一些世人看上去恐惧无比的灾难，他们却可以坦然面对。

所谓的"心理强大"，不是阿Q精神胜利法，而是不被困难吓倒，不为迷局所困的智慧。这智慧，帮助你拨云见日，识破假象。这智慧，伴随着冷静、执着和放弃，包含着宗教、哲学、心理学的思维。

2. 不要过分着眼于不能控制的东西上

我们经常用"金玉满堂"来形容一个人财富极多的状态。很多人都喜欢这个词的寓意，大富大贵啊，多吉利啊！他们把这个词题在匾上，挂在商店的招牌上，但是很少有人能注意到这个词的完整出处："金玉满堂，莫之能守。"

这句话，其实最早出自老子的《道德经》，金银财宝堆满了屋子，却没有办法守护它，你只是一个使用者，却无法成为一个拥有者。

钱财如此，生命中的很多事情亦是如此。很多事情并不以我们的主观意识为转移，我们想要的偏偏失去，我们想要守护的，偏偏会离我们远去，我们想抓紧一切，却发现到头来我们什么都控制不了。

现代都市人有一个心理上的通病，就是安全感缺失。这也难怪，现在的事物变化得太快了，城市建设一天一个样儿，物品更新换代，信息也每天都在更新。今天的爱人，随时可以能变成明天的陌生人，还有什么东西能永远不变地给我们提供安全感呢？正是这种安全感的缺失，造成了很多人变成了控制狂。

有时候我们的控制是不自觉的，父母对子女的控制，女子对于恋人的控制，老板对员工的控制，包括有些人的恋物癖等都属于控制的范畴。控制就像一张网，网住了对方，也网住了自己，而不安全感的来源，就在于将眼光过度地投入在了不能控制的事情上。然而根基不稳，上面的事物焉能安稳呢？

所以，老子对我们说："是以圣人处无为之事，行不言之教，万物作焉而不辞，生而不有，为而不恃，功成而弗居。夫唯弗居，是以不去。"其中最后一句，"夫唯弗居，是以不去"，就是对我们错误控制欲的解决之法。

对待世间的万事万物，不从心里将其据为己有，那么谈何失去呢？我们之所以有控制的想法，就是认为，甚至是认定这件东西是我的，所以我要看着它，占有它，不能让它被别人夺走。但是，世间的东西，有哪件是真的属于你的呢？

人赤条条来到这个世界上，什么都没有带来，百年之后，同样什么都带不走。所以有什么是你的呢？想明白了这一点，也就不用过于担心失去了。

另外，太多的控制欲望不仅会摧毁我们与社会的和谐关系，还会将我们自己的手脚捆住。

因为你将眼光过度地投注在想要控制的事情上，在相反的另一方面看，也是这件事或这个人将你控制了。有些妻子怀疑自己的伴侣出轨，于是查电话，查 QQ，查各种人际关系，甚至雇佣了私家侦探，但往往是越查问题越多，甚至没事儿都能查出点儿事儿来，她们以为自己获得了真相，但其实她们又能做什么真正有帮助的事情呢？

人永远无法掌控所有的事，而一旦你起了掌控之心，第一个被掌控的就是你自己。控制不仅没有解决问题，反而增添了问题：它拿走了你所有的自由和快乐。

控制不是爱，而是一种占有。父母之爱，会为之计深远；伴侣之爱，会给予对方自由；君子之交，贵在清淡如水，而没有一种爱是基于控制产生的，过度的控制只会产生逆反效果。而我们除了自己的态度和行为之外，什么也不能控制，我们没有对其他东西的控制权，过去没有，现在没有，将来也不会有。如果你有了"某种东西是你的"这种想法，那么就不妨告诉自己，这只是一种错觉。

既然我们什么都控制不了，为什么还有那么多人沉迷在控制的错觉中不能自拔呢？因为他们害怕失去控制时的无助和脆弱。控制欲并非是人的本能，它只是后天发展起来的用来对付我们内心孤独与恐惧的方法罢了。它只是控制者自己的心理需求，却并不能控制事态的发展。

控制者看似强大，其实则不然，控制其实是一种弱者的行为，就像一个小孩，被拿走了心爱的玩具，没有能力夺回来，只能大哭大闹。控制同样是一种不自信，因为控制欲源于害怕失去，害怕失去现有的东西以后，就没有办法得到更好的了。

如果说被控制者是一台电视机，控制者就是一台遥控器。控制者的一举一动都会在被控制者的心理世界掀起轩然大波，牵动着他所有的情绪，让被控制者的心中更加焦虑痛苦。

所以，为了平衡心里这种焦虑和不安，只能采取极端的方式体现自己的占有。有的女孩对恋人就是采取控制战，有的以爱之名行控制之术，拼命地对对方好，可以让对方产生"她对我这么好，我不能背叛她"的负罪心理，有的以威胁的手段进行控制等等，但是这都不是正确的相处之道，对你想要达到的目最终无效而有害，还很有可能恶化双方的关系。

控制绝对不是爱，那只是一种欲望，希望拥有对自己以外事物的一种占有欲，而这种欲望是永远不能实现的，因为你不能占有任何东西，你觉得似乎控制住了对方，其实也只是对方为了维持双方平衡而制造出来的一种假象。控制欲是弱者的心理，是无计可施的行为，是控制者为了抚慰自己的焦灼与不安。事实上控制对方是无效而有害的，最直接的后果是破坏关系，于事无补。控制永远只能是一种欲望，没有人会被真正地控制住，所谓的被控制也只是对方为了某种需求的妥协。控制本身是希望得到更多的安全感，但控制的行为却让我们离安全感越来越远。

为什么人们生活中会有那么多的困难、烦恼、挫折呢？就是因为如今人们经常做的事情都违背了道的要求，背道而驰，控制欲就是其中最不合理的一种，因为它没有顺其自然，将眼光投入到自己无法控制的东西上，这就是强求。

我们的一生，从落地的一刹那到垂垂老去，这几十年的时间就是一个控制与反控制的斗争史。前半生致力于摆脱老师的控制、家长的控制、对自由的控制，但后半生却又致力于控制别人：想控制住子女、控制伴侣、控制钱财、控制青春……能不累吗？而这个道理，在几千年前，老子就已经对你阐明，"夫唯弗居，是以不去"，你不将这些东西看作是自己的，又怎么会失去呢？

我们可以对这个世界怀着合理的期待，却万万不可处心积虑地妄想要控制外物。只要你能打开心门，坦然地接受任何可能出现的事实，当生活给了你一些难题，会勇敢地面对它，接受它，解决它，就是战胜了外物在心理上胁迫我们的危机。

欲由心生，快乐和安全感不是由别人给你的，而是源于自己强大的内心。世界上的一切都处在变化当中，没有什么是永恒存在的。如果你将安全感的来源锁定在了外界，就是将自己的心投

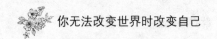

入了变幻莫测的海洋中，必然会因外界的风吹草动摇自己心中的稳定。而只有自己心中有了爱与安定，才是生命中的真平安，真快乐。

3. 少一点私心杂念会活得更好

一个木匠背井离乡在外打工，由于他的手艺好，人也勤快，深得主人的器重。

几年后，木匠替主人办好了差事，准备回家和妻儿团聚，共享天伦之乐。主人同意了他的请求，但是提出了一个要求，要木匠再为自己盖最后一栋房子，盖好了，就放他回家。

木匠归心似箭，心里只想着要快点回家和亲人团聚，根本没有把心思放在盖房子上，于是只是暗暗计算着回家的日子。结果他在挑选材料的时候因为没有用心，很多用的是并不合适的材料，整个的活也做得粗制滥造。在他急切的心情之下，房子很快就建好了。主人来这里验房，看过之后，主人把一把钥匙交到了木匠手中说，这座房子就算我给你的赏赐，你把你的老婆孩子接过来住吧！

木匠心里咯噔一下，惊得目瞪口呆，接着就号啕大哭，他哭不是因为被主人的慷慨大方感动，而是悔不当初，要是早知道这是给自己造的房子，他肯定不会建得这样草率……

这个木匠之所以没有把自己的认真严谨坚持到最后一刻，就是因为他已经产生了私心。因为私心，他偷工减料，又因为私心，他后悔莫及。

在老子看来，天地之所以能长久存在，是因为它们并非为了自己的私利而存在。一个人没有私心，反而能成就大私。一个人要想获得真正的长久，最重要的就是要去除一己之私心。

对于很多人来说，这句话说起来容易，但做起来难。要一个人去除私心，也就是心里没有自己，即进入"无我"的状态。连毛泽东都说，一个人做点好事并不难，难的是一辈子做好事，不做坏事。要一个人一辈子都为别人服务，毫不利己专门利人，这可能吗？虽然做到的人不多，但这是可能的。

在天地间，原始的本相本身就是无私无我的。天地间的植物没有私心，所以无论它是生在温室峡谷，还是墙角裂缝，无论有没有人欣赏，它都生枝长叶，开花结果，并不因为任何原因而停止自己的生长。太阳发光放热，为万物提供生命的热量，也没有私心。动物们繁殖后代，绵延生息，同样没有私心，只是自然而然。天地万物，只有人有私心，这个私心，就来自于人的欲望，而一旦有了欲望，也就有了痛苦。

马祖道一的得意弟子大珠慧海问马祖："什么才叫真正的修行？"马祖答曰："饥来吃饭，困来睡觉。"大珠慧海一愣，不解地问："人不都是这样吗？"马祖答曰："普通人吃饭睡觉不是修行，因为他们吃饭的时候在想着一千个心事，睡觉的梦里在纠缠着一万个结。"那人们在吃饭睡觉中，纠结痛苦的是什么事呢？估计十有八九不是想着怎么给别人做好事，而是想着怎么样从别人那儿得到些什么东西，但求而不得，所以痛苦得食不知味，寝不安席，又怎么淡定的起来呢？饥来吃饭，困来睡觉，本是最本分的事情，为什么现在那么多人失眠抑郁，需要的就是一颗平常心而已。

《世说新语》里讲过一个故事，说从前有一个叫王济的人，非常了解马性。他养了一匹马，特别地喜欢，为了以示区别，特地给它披着绣有精美图案的马鞯，用来遮挡沙尘和泥土。有一次他骑马出门，被一条河挡住了去路。王济策马过河，马却始终原地不动，众人不解，这马平日里有日行千里，夜走八百的能力，怎么如今连个小河沟都不敢过呢？王济笑了笑说："这马一定是珍惜它的马鞯，所以不肯过河。"于是，叫人解下它漂亮的马鞯，扔到一边。果然，马嘶吼一声，纵身一跃，就毫无顾忌地渡过河去了。

世上本无事，有了人，才有了事。所以东西越多就并不一定是件好事，增添一件东西，同时也就会同时增添连带的问题。世上有太多的声色诱惑，连马都怕溅湿了自己的马鞯，而人又怎么不会为名利所累呢？所谓人心中的私心杂念，就是人们对生活中的欲望，对生活的不满足感。修行的人放下自己心中的私心杂念，也就是去除人们对这些欲望的执着的过程。有句成语叫"欲壑难填"，人的欲望是永远也无法得到满足的。通过不断地要更多是无法填补空虚的，一位哲人说过："我们从来不会因为想要的东西得到了而觉得满足。"所以不断用填充的方法是并不起效的，因为这已经偏离了"道"，而偏离了道的一切行为，必然会导致一个恶性循环的结果。

太多的私心杂念，不仅会让人失去理智的心，还会对你正在做的、原本简单的事情造成阻碍。记得小时候考试之前，老师都会说，你们要全神贯注，不要有私心杂念。想太多，一定会让你发挥不好。就像听过的一个笑话，一个人在路上捡了一个鸡蛋，他非常高兴，拿着这个鸡蛋边走边算计，要把这只鸡蛋孵成小鸡，小鸡长大了，就会再生鸡蛋，鸡生蛋，蛋生鸡，越攒越多，然后把鸡和蛋都卖掉，再用卖掉的钱买房置地，等家业越来越大，然后再捐钱做官，买几个丫头，娶上几房姨太太，从此就过上好日子了。他想得兴高采烈，一不小心，这唯一的一个鸡蛋摔在地上打碎了。于是这个愚蠢的人竟然痛哭一场，觉得什么都没了。但是他失去的到底是什么呢？他失去的不过就是一个鸡蛋，而让他痛苦的却是那些痴心妄想和私心杂念。

而这些私心杂念，贪婪欲求，造成了我们现代人的恐惧、焦虑、紧张、警惕。很多人都患得患失。为什么我们在做事时会紧张，会害怕，为什么我们在得到一件东西后，会害怕失去，甚至在没有得到的时候就开始想着怎样避免失去呢？就因为我们的出发点是自己，怕自己的努力得不到回报，所以不去付出，怕自己失败后被别人嘲笑，所以不敢去冒险。怕这个怕那个，结果活了一辈子，最终什么都没做成，一切都只是在脑海里怕来怕去。

这个世界什么都不是永恒的，无论什么人什么事，都只会和我们产生一段时间的缘分，都不可能陪你一辈子，而只能陪你一阵子。我们的各种不良心理，其根源都来自于我们的私心杂念，只有放下了这些，才能使我们的心得到平静，否则我们将永远无法进入做事的一种最佳状态。因为心里没有自己，自然就少了患得患失，因为心里没有私利，自然也就少了些急功近利和惶恐不安；因为心里没有想着得到，所以自然就不会害怕失去。

但是人非生来为圣贤，境界的提升不可能一蹴而就。也许现在我们还无法做到每时每刻都能让自己心无杂念，超脱于烦恼，但我们可以让自己远离那些会扰乱自己心性的东西，不让自己的心被污秽堵住。"五色令人目盲，五音令人耳聋，五味令人口爽，驰骋畋猎令人心发狂，难得之货，令人行妨。"修行的第一步，首先就是尽量去避免这些对人性脆弱的试探，慢慢地培养出自己的清静本性，进而可以享受到这种状态带给人的美好体验。"小隐隐于野，中隐隐于市，大隐隐于朝"，这实在是一个需要不断努力去达到的境界。

4. 克服忧虑，培养一种超然的心理状态

一个人被烦恼缠身，每天都非常痛苦，于是他四处向人请教解脱烦恼的秘诀。

有一天，他来到一个山脚下，看见一位牧童在一片绿草丛中，正骑在牛背上，逍遥自在地吹着悠扬的小曲，看上去非常快乐，无忧无虑。于是他便走上前去，深施一礼，问道："你看起来很快活，能教给我像你这样快乐的方法吗？"

牧童说："我也没有什么方法，我每天骑在牛背上吹笛子，就什么烦恼也没有了。"这个人依样坐在牛背上试了试，却只觉得摇摇晃晃，也根本无法静下心来吹笛子。这种办法不起作用，于是他又开始继续找寻。

过了一阵子，他又来到一所禅寺之中，一位老人正面带微笑

地打坐念经。他向老人说明了来意，请教解脱烦恼的方法，老人笑着问："有谁捆住你了吗？"

他说："……没有。"

老人说："既然没有人捆住你，何谈解脱呢？"

他恍然大悟：原来这一切都是自寻烦恼，自己其实根本什么也没有失去，也什么都没有被剥夺。于是他下山去了，从此便过着快乐的日子。

现在的人似乎每个人都有一肚子不高兴的事情要烦恼，整天担心这个，担心那个，烦恼不断，但是如果让你真的把你所烦恼的事情写下来好好审视一下，你就会发现它们往往大都不是你所想象得那么严重。真正的烦恼其实并不很多，大部分只是无中生有罢了。

有一个心理学家做了一个很有意思的实验。他要求一群实验者在周日晚上把未来七天会烦恼的事情都写下来，然后投入一个大型的"烦恼箱"中。

等到第三周的星期日，他在实验者面前打开这个箱子，拿出各自的清单，与成员逐一核对每项"烦恼"，结果发现其中百分之九十的担忧并没有真正发生过。

接着，他又要求大家把那些真正发生的百分之十的"烦恼"重新丢入纸箱中，等过了三周，再来寻找解决之道。结果到了那一天，他开箱后，实验者发现那些剩下的百分之十的烦恼已经不再是自己的烦恼了，因为它们都已经被解决掉了。

人的身体和心理都是具有天然的自愈的能力的。其实人身体上常常会出现一些小毛病，但是有时候在我们并未察觉的时候就可以不药而愈了。同样，人心里的烦恼有时也会随着时间的流逝而不战自退。请你现在扪心自问一下，你有烦恼吗？有，那你有能力解决它吗？如果你有能力解决它，那你还烦恼什么？如果你没有能力解决它，那又为什么非要求自己现在就解决它不可呢？所谓的烦恼大部分属于"自寻烦恼"，都是我们自己臆想出来的。据统计，一般人的忧虑有百分之四十属于过去，有百分之五十属于未来，只有百分之十属于现在，而百分之九十的忧虑既然从未发生过，而剩下的百分之十又是总能够应付的，那么到底还有什么值得忧虑的呢？而我们只需要做好自己的事，不要管别人的事，忘掉老天的事，就不会被一些莫须有的忧愁搞得焦头烂额了。

人总是希望自己能控制一切，但却总是控制不了自己波涛汹涌的内心。虽然心中知道很多大道理，知道"一切都会过去的"；知道"忍一时风平浪静，退一步海阔天空"，但真的到了事情来临，需要你这么做的时候，这些道理却都一下子想不起来了，反而为了一时的得失，焦虑得吃不下，睡不着，其实还是对事理理解得不深刻，修养不到位造成的。

我们的心为什么总是被烦恼纠缠，因为它不稳定，没有根基，所以就总会像一艘在大海中飘摇的船那样不知道明天会到哪，自己难以掌握自己的方向。它没有根基让自己稳定，只能跟着风浪起起伏伏，岂有不颠簸的道理？但大海上的风浪没有停止的一天，我们谁也无法插手安排风浪的来临，就像我们无法阻止生活中烦恼和灾难的来临一样，我们能做的只有给自己的心一个安定的港湾，让它虽经风浪，却有处可依，不至于颠簸受苦。

想一想你正在为之烦恼的事情，又有几个是真正在为自己烦恼的呢？其实大部分都是因为外部的那些不可控制的原因。譬如"为什么他/她要这么对我？""为什么别人过得那么好，我却总是碰到倒霉的事？"等等。人生已经有很多风雨了，为什么我们还要白找苦吃？环境中充满了假象，只有一双智慧锐利的双眼能够穿透迷雾，看到真相。别人看不看得起你，这对你又能有什么差别呢？别人说你好或者说你坏，你又能有什么两样？环境每时每刻都在变化，即使你时时刻刻盯着大海，大海也不会理会你而继续演奏着它自己的韵律。我们无法控制别人的想法和做法，又为何用别人的错误惩罚自己呢？

　　一位老先生经常到离家很近的餐厅独自用餐。因为吃饭的时间客流量很多，服务生们都忙得不可开交。因为老先生的动作比较慢，便经常受到服务生们的冷脸，嫌他耽误了自己的工作。要是其他人遇到了这样的事，一定会讨个说法，会不停地催促服务员，因为他会想："大家都是来这里掏钱吃饭的，为什么你却单单针对我？我来这里是享受服务的，不是来找气受的，我一定要让你见识一下我的厉害！"说不定还会因为这件事情，愤愤不平一整天，觉得自己的尊严受到了侵犯。也有的客人好心劝这个老先生，这里的服务态度实在是差，为何不换个地方用餐呢？老先生和气地笑一笑，说："如果只是为了和他赌气，就要多绕一圈走到更远的地方去吃饭，不仅生气还浪费了我的时间。何必为了他的问题，改变我自己的生活方式呢？"

　　我们经常生存在这样一种状态里面，就是"不知道自己有什么烦恼，但就是不高兴"。这其实和身体上的亚健康状态是一样的，是一种不健康的心理状态。其实并不是你不知道自己有什么烦恼，而只不过是因为你刻意回避了自己真正烦恼的事。要想解决烦恼，首先就要找出你的烦恼在哪儿，如果只是单纯地回避，是不能解决问题的。因为烦恼看不到，摸不着，去不掉，过分关注和不去关注，都会助长它的声势。只有知道了自己烦恼的原因，才能找到转化的方法，就像我们去看病，首先要得到最正确的诊断一样。

　　环境随兴来去，烦恼随处可见，不要因为别人的反应而影响了自己做事情的心情，更不要因为外界的评价而牺牲自己获得幸福和快乐的权利。如果我们遇事能多冷静地分析一下，多独立思考，排除别人的问题，忘掉老天爷的问题，对烦恼去伪存真，找出真正的症结之所在，就会消除大部分的烦恼。每一件事情的发生，都是由不同的原因造成的，都需要我们去了解那个正确的原因。只有摒弃聒噪的杂音，才能倾听内心的声音。

　　所以，克服忧虑的最好办法，就是培养一种超然的心理状态，把自己心头的烦恼看作是大海中突如其来的风暴，风暴虽然让人软弱和害怕，但风暴终究是会过去的，不要让自己沉浸在其中，而是给自己找一个熟悉而避风的港口，把心思集中在现实和身边的事情上，静静地等待风暴过去，晴天来临。一切烦恼由心而生，心不动，则万物自然不为所动，就是这个道理。

5. 接受自己，调校永远不能达到的完美标准

几年前，家里曾经养过一只后腿有些残疾的小狗，本来以为它活不长了，没想到竟然也活活泼泼地健康长大了。虽然它有些残疾，但一点也不妨碍它调皮的天性，不管和什么样的同类在一起玩，它都没有表现出一丝一毫的胆怯，一瘸一拐地照样玩得兴高采烈。

有人可能会说，那是自然的了，不就是一只狗吗？一只小动物怎么会知道自卑不自卑这些事情呢？

这么说来，好像似乎有些道理，在动物界中（人也算是高级动物），似乎只有人对自己的自身条件特别关注，也是最不容易接受自己的，还有一部分特别极端的人群，我们把他们统称为"完美主义者"，对于完美有一种近于病态的追求。但奇怪的是，这个词在时下的年轻人中特别的流行，有很多人还以此为荣，好像完美主义者本身就已经代表着完美一样。

其实，完美主义者之所以对完美有那么执着地追求，其根源首先是对自己的全盘否定，他追求的不一定是完美，而是他心中已经默认自己是不完美的了。

毕淑敏写过一篇文章，叫《白沙丘》，里面的母亲为了追求孩子的绝对完美，最后得到了完美，却付出了孩子的生命。这并不是只存在虚构小说中的幻想故事，我们生活中这样的例子随处可见。

前段时间，有个叫郭晏均的女孩自杀事件，曾在各大媒体引

15

起关注。她曾经是那么地优秀：工学院两名最佳毕业生之一；华尔街白领；麻省理工商学院 MBA；游学走访 35 个国家，人也长得很漂亮，这样一个全能全才的女孩，有什么理由会放弃自己的生命呢？

仿佛是为了解答大家的疑虑，她在留下的博客中留下了这样一些文字："生命在 2010 年以后就开始变得很快。首先是结婚，我非常精确地按照父母的旨意在 26 岁生日那天办完了我中西合璧的婚礼，并开始准备完美的 28 岁在顶尖商学院生小孩的计划。生活到这个时候，虽然很辛苦，但是一直都看起来是所谓完美的。然而，关上门回到家里，问题却非常严重。"

这个看似完美的婚姻，没有维持多久，她离婚了，"……在我总算能够决定摆脱婚姻枷锁、父母的忧虑，去面对自己的独立性，寻找自己幸福的同时，也正是我毛毛虫脱茧的时刻。我要飞，蓝天才是我的未来，我一切都不管了，我再也不要被人唾弃地以他人的标准去循规蹈矩地爬了！"可是，她心中对于完美的追求，并没有因为婚姻失败而降低档次，她更加努力地修炼自己，只为了达到自己心中的完美标准。

在博客中，她说："在游学这方面，我到现在为止走访了 35 个国家和地球两极，上了西藏，下了深海，探访了宗教圣地耶路撒冷两次。而在拜师方面，我已经有不下十位完全不同的我敬重为老师的人，从医学到艺术到商业到人文到体育竞技，我都在马不停蹄地补课。我现在才意识到，人类社会里面的真知，我今年才勉强找到门。从这一刻开始，做到世界级，每一步都将非常艰难。每一个小小的进步，都会越来越难以达到，而我将会为此付出一生的精力。"

虽然心中有这样的豪言壮语，她还是没有达到自己心中的要求，最终选择用一种绝决的方式结束了自己的生命，只留下众人的一声声叹息。

凡求完美，必有伤害。每个人心中其实都有两个我：一个是心目中完美的自我形象，一个是现实中不完美的自我形象，就像阴阳太极图的两面，失去了哪一个，另一个也无法单独存在。但是，在我们所受的教育中，我们被要求成为的是一个全能的神，所以我们必然会常常对自己不满，却忘记了：那个完美本就是虚幻，而真实的自己虽不完美，却是完整和真实的。

老子说过一句话："大成若缺，其用不弊。大盈若冲，其用不穷。大直若屈，大巧若拙，大辩若讷。躁胜寒，静胜热。清静为天下正。"其中，"大成若缺，其用不弊。大盈若冲，其用不穷"就是他在几千年前就想告诉我们的话了。

大的圆满，看上去就好像不圆满一样。如果真的达到了圆满，再无可提升的空间和价值，那这本身不也是另一种不完美，完美还有什么价值呢？"道冲，而用之无不盈"，"道"是空虚无形的，如果遵循着它办事，也就不会要求把事情办得十分圆满了。因为天地之道本来就不是完美的，你又如何去追求一个本来就不存在的东西呢？

人之所以会追求完美，是希望成为一个更好的人，而一旦出现成为"更好的人"的想法，就一定在心里存在了一个"不太好的人"的形象，这个不太好的人就是现在的自己。所以，他们在心理上就会否定这个不好的人，从而不愿意接受真实的自己。

但这个"好"与"不好"是谁评判的呢？它的评判标准是什么呢？是你的大脑，是你大脑中的两个思想在对抗。思想又是从哪儿来的呢？思想是父母、老师、社会……强加给你的，所以动物不会觉得自己不够好，他们只是存在着，而只有人，总是觉得自己不够好。

有一个身上有缺口的圆，它为了成就圆满，去找自己失去的那一角。它去了森林，经过河流，结识了很多朋友。终于，它找到了那一角，它变成了一个完整的圆。

因为没有了缺口，它快速地转动起来，身边的河流、森林都没有闲暇欣赏，最后，它将自己好不容易找到的那一角扔掉了。

不完美本身就是一种完美，因为你将永远拥有追求完美的动力。接受自己的不完美，接受人生的不完美，是我们应有的权利，也是可以活的更自由的秘诀。就像《青春里最后的任性》里的一段话："这个世界上你认识那么多的人，那么多人和你有关，你再怎么改变也不能让每个人都喜欢你，所以还不如做一个自己想做的人。人生都太短暂，去疯去爱去浪费，去追去梦去后悔。"

但是，这里所说的要接纳不完美的自己，并不是要对自己的不完美不闻不问，破罐破摔。接纳是建立在理解的基础上的，理解我自己的优点和缺点是什么，理解哪些容易改变，哪些不容易改变却可以更多地去注意和控制一下。正确的接纳是包容，是宽容，而不是纵容。

一般有着完美主义倾向的人是最容易感到焦虑的，因为他永远感觉不到自己的完美。如果你也有这样的症状，一定要警惕了。要记住：世界上没有绝对的完美，无论生活、工作再紧张再繁忙，也要保持有规律的生活，尽量避免做过多的事情。学会放空自己，享受自己的人生。

每个人的心里都有阴暗的一面，比如胆怯、贪婪、恼怒、自私、懒惰、丑陋、轻浮、脆弱、报复心、控制欲……我们想要隐藏，想要否认，想要逃避，都不能消除它们，它们会悄悄潜伏在我们的潜意识之中，影响我们对自己的认同感，引起我们对自己的厌恶或者是内疚。我们越回避它们，它们就越会努力唤起我们的注意。

真正意义上的接受自己，是平等对待自己的每一种特质，既不彰显，也不压抑，对自己全然悦纳。正是这些与生俱来的特质，和生命中的缺陷，成就了今天的你。不要上了完美的当，你的存在就已经是造物主所做的最完美的工作了。

如果你现在已经想要改变，想要接受不是那么完美的自己。就尝试着和自己的内心和解吧，学会对自己说：

我是世界上独一无二的我，我不要求自己十全十美，我接受不够完美的我；我不要求事事完美，我不需要演出别人喜欢的样子；我不再关注"别人会怎么看我"这个问题，我接受失败的自己；我接受努力坚持的自己，我接受过得不好的自己，我接受我自己的外表，接受每一个我曾经认为的缺陷……并对它们说：谢谢你。因为了解自己，给自己宽容、鼓励和爱，才会为明天自身成长得更好创造可能。

第 2 章

了解游戏规则，就不会委屈和无助

1. 自助者，人助之

有一句俗语，叫作"万事不求人"，这句话听上去有骨气，但是这种孤高的境界却没人能够达到。生活中，我们难免有些时候要遇到需要求人的难处。既然开口求人，对方就有可能答应，有可能不答应。有些脸皮薄的人，之所以最怕开口求人，就是担心如果对方拒绝，自己面子上不好看。在他们看来，人家答不答应，主动权在对方手里。其实，这只是一种错觉，对方可不肯帮你，其实完全取决于你自身。

有句话说得好，这世界没有无缘无故的恨，也没有无缘无故的爱。通常，人们判断一件事情值不值得去做，都要去衡量这件事带来的收益。这个收益可能是立竿见影的，也可能是为了在遥远的将来的某时刻得到福报。不管你承不承认，大部分人去帮助他人时，都出自这两种动机。

有人说这是人性的自私，但不如说这是人性的一种投资。就像前段时间热播的《甄嬛传》里的一句台词一样："别人帮你，那是情分，不帮你，那是本分。"不管对方是出于什么目的对你提供了帮助，都要心怀一份感谢。

但是，我们是否能够成为那个懂得感恩，又能够回报他人的人呢？

20

当帮助者考虑是否要帮助一个人时，他会希望自己的帮助的确能产生作用，能让一个人的境况得以改观，甚至能够产生深远的影响，但这个作用不只是仅靠自己给予帮助的力量来实现，这个力量需要作用在被帮助者的身上，由被帮助者去实现。

中国有句民间俚语："帮急不帮穷。""帮急"的意思是说，人们都有遇到危急情况的时候，这时应该救人于水火，扶危于即倒、解其燃眉之急，这种情况必须要帮。"不帮穷"的情况，当然不是指当下社会公益和政府求助的贫困地区和人们的行为，而是具体到我们身边的个人的情况。

老百姓们都懂得一个简单的道理，勤劳必能致富。如果一个人勤劳、努力，日子总不会太坏，至少不需要靠他人的帮助过日子。如果穷得连日子都过不下去，大多是因为懒惰，不善经营，不懂耕种，不知道节俭等。所以，这样的人，无论帮助者给予多少外力的帮助，日子都不会好过起来。

这句民间的俚语就是在说一个道理：人们只会帮助那些值得帮助的人，而不是扶不起的阿斗。

值得帮助的人，必然也要有自助的能力。别人的帮助只是扶在后背上推动你向前的手，如果你要继续前进，必须要做的是自己借助这个力走动起来。如果你不迈开腿，别人用再大的力推你都无济于事。

反过来说，如果一个人有着强烈前行的欲望，只是因为一时的阻力无法前行，这时有一只手推动他，这个他跨过障碍便会继续前行，当他到达目标时，推动他的人也会从心里分享这种成就感。反之，如果一个人根本没有前行的欲望，安于当前的状况，或者只寄希望于他人的推动，这样的人，不仅不会吸引别人的帮助，甚至会让别人鄙视和厌恶。

有个女孩在风华正茂的青春岁月，不幸得了白血病。癌症化疗让她头发掉光了，她的生命之火即将熄灭。

一般人在这个时候意志都会比较消沉，但是令人震撼的是她并没有，她用微博记录了自己的身体状态及病情变化。其中有一张照片是接受化疗后照的，那个时候，她的头发已掉落了，但是她发了一条微博，内容是：头发终于长出了三厘米。

无数人看到这条微博以后都很受感动，他们被这种乐观的态度所感染，然后这些网友纷纷发去祝福。甚至还有很多名人听说了这件事后也纷纷转发，表示愿意资助她度过难关。

对于一般人来说，面对一个身患重病的陌生人，会很本能地回避和排斥这样的消息。因为，谁都不喜欢整天接受负面的能量。可是为什么大家对她的态度尤其不同呢？其中有一个很重要的原因就是她充满了正能量，她不像其他人一样悲观，她给人的感觉就像是一阵春风，不仅不会让人厌恶，反而会给别人以激励的力量。帮助这样的人，不是出于同情，而是出于敬佩。

我们每天都会在电视上看到那些赚人眼泪的悲惨故事，这种叙述屡见不鲜，正因如此，我们的眼泪和同情的底线被这些人拉得很高，所以有时候对于这种事情，我们甚至会麻木。

但是这个女孩的与众不同之处在于她并没有求别人为她做什么，她积极面对生活，比那些比她健康百倍的人还要积极。也正是这股力量，让人们深受感染，所以大家更愿意去关注她。

其实，生活就是如此："自助者，人助之。"

很多时候，我们不能随心所欲地选择命运，选择境遇，但是我们可以靠自己悉心经营的人脉来寻觅机遇、开发机遇、为自己创造机遇。前提就是你值得帮，你让人看到了你的价值。

一提起"刘晓庆"这个名字，相信大家都不会陌生。她可以说是影视圈的一棵常青树。她以对自己严格拼命而著名。但是，就是这样一个对自己很严格的人，也无法避免遇到不好的事情，坐牢的那段时期，可以说就是她的人生很大的一个低谷。

曾经有杂志就这个事情采访她，她对自己曾经在监狱的时光并没有忌讳，还是谈笑自若。

她说："这是事实，躲着有什么用啊。我进监狱之后，大家都认为我歇菜了……他们觉得我出去后再也不能挣钱了。"

　　而事实上，牢狱之后的刘晓庆完全把自己当作一个新人，只要有拍戏的机会，都去拍，哪怕只是一些龙套一样的小配角，也一丝不苟地完成。身边的人不敢相信这个曾经红遍中国的大腕今天居然肯这样去做事。刘晓庆说，她就是想让所有人都看到，从零开始，我依然可以靠自己再站起来。就是因为有这样的信念和态度，人们重新接受了这个在娱乐圈重生的大腕儿，机会也接踵而来。

　　如今，刘晓庆称得上是中国娱乐圈的一个神话，人们肯相信她为艺术的付出，相信她身上能够站在舞台上征服观众的能量。人们愿意称这样的人为艺术家。大概正因为她经历过的种种非常人能承受的人生变数，才越让她的影迷们喜欢和珍爱，因为她值得。

　　如果你是金子，你就要让自己发出光来，让大家看到你是金子，不应该埋没于瓦砾，那么自然有人把你和金子们放在一起。

　　问题是很多人不知道甚至不相信自己是金子，所以才对自己的外表、谈吐、情绪没有丝毫的控制，一副自己也没有对自己寄予多大希望的样子。这种瞧不起自己的态度，才是对自己最大的伤害，当然也是对周围那些原本看好你的人最大的伤害。

　　记住一句话：你是谁，就会遇见谁。你是什么，就会吸引来什么。如果你想得到别人的帮助，要先成为一个值得帮助的人。

2. 学会结交更多有正能量的朋友

　　有首歌是这样唱的：快乐与人分享，快乐就多了一半；痛苦与人分享，痛苦就少了一半。不管一个人的内心有多么地强大，都会需要朋友。这句话我们每个人都知道，但并不是每个人都会交朋友。不是说你身边总是前呼后拥、呼朋唤友的热热闹闹就是好的，认识人多了，误交损友的可能性也会相应增大的。

　　俗话说"朋友多了好办事"。但是，如果误交损友，不仅不会帮你，也许还会害了你。所以，为了防止在遇到难处时出现无人可帮的困境，或者为了降低求人被拒绝的概率，一定要学会选择自己身边的朋友。尤其是性格比较软弱，特别容易受别人影响的人，更要学会结交一些正能量的朋友。

老舍先生说："幽默者的心是热的，他必须和颜悦色、心宽气朗地去揭示事物的可笑之处，宗旨在于善意地规劝或纠正；幽默可以讽刺，也可以不讽刺，它比讽刺的外延更广。"所以，多结交一些乐观向上的朋友绝对是缓解压力的重要帮手。

那么，如何才能结交到乐观的朋友呢？

首先，要想产生量变引起质变的效果，最关键的就是要扩大你的交友范围。

交往越广泛，遇到机遇的概率就越高。有许多机遇就是在与朋友的交往中出现的，有时甚至是在漫不经心的时候，朋友的一句话、朋友的帮助、朋友的关心等等都可能化作难得的机遇。在很多情况下，就是靠朋友的推荐、朋友提供的信息和其他多方面的帮助，人们才获得了难得的机遇。

例如，某单位新来一位主要领导，需要配备秘书，在多人跃跃欲试、趋之若鹜的情况下，孙少彦被选中了。原因就在于这位领导委托自己的一个下级范元宏为自己物色秘书，而范元宏和孙少彦是同学和好朋友。范元宏自然清楚，孙少彦肯定胜任秘书职位，于是就把这个同学推荐来了。结果，领导本人满意，组织考察合格，正在为前程茫然奔波的孙少彦更是欣喜若狂，因为他找到了自己适合的位置，也是他成功的一个里程碑。

这个人生机遇的获得，关键因素是他有那么一个得到领导信任的同学。也许他想不到这个朋友会对他的成功起到至关重要的作用，也许他们之间彼此进行交往的时候，没想到这种交往决定了日后一个人的巨大成功，没想到这种交往就是一个人成功的机遇。因此，从这个意义上说，交往越广泛，机遇就越多。

有人说，在人的一生中，有三种朋友是必不可少的。

第一种是支持你的朋友。这类朋友可谓是"你帮我，我帮你"，相互打气，使得彼此成为对方成长的垫脚石。在一个人的成长过程中，朋友的支持与鼓励是最珍贵的。当你遇到挫折时，这类朋友往往可以帮你分担一部分的心理压力，他们的信任也恰恰是你的"强心剂"。

　　第二种是志同道合的朋友。与和你志同道合的朋友在一起，会让你有心灵感应，俗称"默契"。你会因为想的事、说的话都与他们相近，经常有被触摸心灵的感觉。和他们交往会帮助你不断地进行自我认同，你的兴趣、人生目标或是喜好，都可以与他们分享。这种稳固的感受"共享"会让你获得心理上的安全感，因为有他们，你更容易实现理想，并可以快乐地成长。

　　第三种朋友是给你引路的朋友。这类朋友是"指路灯"。每个人都有困难和需要，一旦靠自己力量难以化解时，这类朋友总能最及时、最认真地考虑你的问题，给你最适当的建议。在你面对选择而焦虑、困惑时，不妨找他们聊一聊，或许能帮助你更好地理顺情绪，了解自己，明确方向。

　　聪明人不应当过于急功近利，有许多机遇是在交往中实现的，而在初步交往中，人们很可能没有看到这种机遇，在这个时候，不要因为没有看到交往的价值，就冷漠这种交往。

　　朋友网既然称作是"网"，就应当具有网的特点。也就是说，在这面网上朋友的构成有点有面，分布均匀。不懂交际之道的人交友却不是这样，他们结交的范围十分狭窄，分布十分不均。只在自己熟悉的范围内认识一些人，而这些人的行业和特长比较单一。这样就构不成一面标准的关系网了。

　　值得一提的是，在我国由于传统上知识分子都比较清高，往往喜欢闭门谢客，喜欢孤军奋战，特别是对官场上的事情喜欢"两耳不闻窗外事"，对政界的人物更是不愿去与之交往。这样的传统和习惯是十分不利的。

　　其实我们建立人脉网络，不必拘泥于必须是自己认识的，完全可以通过朋友去认识更多的新朋友，朋友的朋友也是你的朋友。如同数学上的乘方，以这种方式建立人脉，速度是出人意料的！

你会发现这样积累人脉资源的成本是最低的，而效率却是最高的。有了朋友的引见，更能让陌生人了解和信任你，也更能接受同你的交往。我们知道在人脉网中，朋友的介绍相当于信用担保，朋友要把你介绍给其他人，就意味着朋友是为他做风险担保。基于这一点，你可以请你的朋友多介绍他的朋友给你认识。就像做客户服务一样，如果你的新客户是一个很强有力的老客户推荐的，那么这位新客户一下子就会接受你。

俗语说："多个朋友多条路。"社交范围的扩大，对自己的事业必定大有助益。我们不难发现，多认识一个朋友，往往能给我们带来更多的人脉资源。

3. 提升人格魅力，让自己更有吸引力

很多处在逆境中的年轻人，都喜欢用一句名言来激励自己：是金子总会发光的！这句话确实没错，很励志，给了很多人坚持的力量。可是，却也让一部分人错误地认为，"发光"是"总会"到达的等待，总之总会到来的，所以便抱残守缺，等待着自己发光的光彩时刻。

结果，让金子发光的那些千淘万漉和吹尽狂沙的辛苦，便在等待中被省略了。一块本应成为金子的乌石，永远没有了发光的那一天。

如果你是金子，让自己发光，需要的不是等待，不是消极地等待他人的垂青，机会从天而降，更不是坐享其成。而是需要自己的磨砺，需要自己百折不挠、勇往直前的行动。

每个人都有一个自己的磁场，吸引着他人来到你的身边，成为你的朋友、爱人和伙伴。每个人都希望自己的这个磁场能够吸引来对自己更有帮助的人。可前提是，要建设这样一个磁场，必

须让自己更有吸引力。

有这么一个例子。

刘小川有个朋友急需一名助理，让刘小川帮忙介绍个年轻人。

刘小川听了一下招聘助理的条件，除了高薪之外，还有很多其他优厚的条件。更重要的是，跟随朋友工作，会学到很多宝贵的为人处世的经验。根据这样一些条件，他就开始在自己的人际网里面筛选合适的人。他一直着急这件事情，很久都睡不好觉。

后来，刘小川想到认识的年轻人中只有小吴最符合招聘条件，小吴给他的印象很好，在他眼里，他给人感觉忠厚老实。于是，刘小川就给小吴打电话，问一下他的意思，他满怀信心以为小吴会立马答应，毕竟这是多少人梦寐以求的机会啊。

但是事情的发展并不像小川猜想的那样，在电话中，小吴向刘小川解释了一下，他刚好在处理一件私事，还没有处理完。刘小川听到这句话，就暗示了一下小吴，其实可以先与刘小川朋友见面，最后再去解决自己的那件事情，毕竟工作还是当务之急。

但是小吴并没有答应，他告诉刘小川，他非常感谢这位朋友为自己提供的这次机会，因为看重，所以不想因为私事没有处理好影响到这份新工作，不仅辜负老板还会辜负朋友。等自己把所有事情解决了如果还有机会，就全心全意地接受。

刘小川听到这个回答以后，嘴上并没有多说什么，心里却有些不爽。他认为自己是在帮助小吴，这么好的机会，送上门还拒绝。

与此同时，他继续打开通讯录，搜寻下一个目标，其他人选不是这里不合适，就是那里不合适，最后他发现还是小吴最适合，他这才发现是小吴在帮他，不是他在帮小吴。

因为小吴的拒绝，恰恰证明他这个人做事的方式和他本人的品质，他就是那个真正让人觉得可靠，值得信任的人。对于朋友来说，身边如果有这样的人，该是多么幸运。这么一想，他就豁然开朗了。

事实也正如他所料，小吴并没有说空话，在他们等了小吴整整十天以后，他就干脆利落地上岗工作了。

当你具备令他人信任的一些品质时，幸运便会主动找上你。人们总是寻找那些在某个问题的处理上强于自己的人来帮忙，人们总是愿意把机会交给那些能够实现自己的期望甚至超过自己的预期的人。

这样的人，我们可以用一个标准来衡量，就是要具备人格魅力。如果不是自己具备超于他人的人格魅力，是没有办法吸引命运的垂青的。

那么，怎样才能具备这种吸引他人助力自己的特质呢？一般来说，下面的这几个要素是最重要的：

第一，要做一个言而有信的人。

言而有信是赢得别人信赖最关键之处。日本企业家稻盛和夫说："没有信赖，就没有人际关系，没有人际关系，想成功是不可能的事。我经营企业四十多年来，也碰过不少被欺骗的事情，但我不会因为自己吃过亏，就不再相信人，无论如何，我还是要信赖人，而且是从自己的心做到，全面地信赖人，使得对方值得我们信赖的价值，并创造这样的价值给我们周围的人，假如没有办法做到这样，我们就必须改变我们的态度与行为，这就是自我的内向修炼。"

第二，要拥有真正的朋友。

不要只找像自己的人或者附和自己的人做朋友，而是应该多发展对自己真诚相待又能在某方面给自己督促和指导的良友。比如，乐观的朋友、有智慧的朋友、脚踏实地的朋友、幽默有趣的朋友、激励你上进的朋友、提升你能力的朋友、帮你了解自己的朋友、对你说实话的朋友等等。

第三，乐于帮助他人。

生活中，乐于对需要帮助的人伸出援手。工作中，乐于与团队共同协作，这样的人一定是受人欢迎的人。

第四，善于从他人身上发现优点，并学习。

无论是身边的同学、朋友，还是职场中的领导、同事、客户，你能接触到的人在社会生活中从事着各种各样的事业，扮演着各种各样的角色，还有着各种各样的性格、特长、爱好等等。他人的身上总有你没有经历过的生活，总有你没有的品质，多发现他人的优点并从他的身上学习，不仅会让对方感觉到你的认可，同时你们在被认可与学习的过程中，会自然地成为互相赏识的朋友。

第五，培养一些兴趣爱好，成为一个有趣的人。

一个有人格魅力的人一定是一个有趣的人，这个"趣"不只是好玩、幽默，还包括新鲜、奇特、个性、意味深刻等。这样的人心态乐观轻松，知识面广，善于学习，并且乐于向他人分享自己的知识和思想，总是能给他人带来新的认识。和这样的人在一起，永远不会觉得无聊。

一个人要想成为金子、拥有独特的人格魅力，是需要勤勉、谦虚、乐观、积极、勤奋、拼搏、向上的人生态度的；也只有经历了人生风雨洗礼的人，才能拥有坚实的人格基础，才能够日积月累地蓄存起光芒四射的人格魅力；才能够勃发出灿烂而夺目的人格魅力之光辉。也只有这样的人，才能拥有自己与众不同的吸引力。

4. 反省自身，随时觉知自己的状态

古代的圣贤推崇"吾日三省吾身"，即每天查看和反省自己的过错，发现自己的问题，遇到问题先找自己的原因，从而不断完善自己的品行，提升自己的修养。

"躬自厚而薄责于人，则远怨矣。"多反省自己而少责备别人，那么一个人就不会招来别人的怨恨。在这纷纷扰扰的世间生活，我们常常会和身边的人产生矛盾，发生摩擦。虽然说一切的存在都是合理的，但是如果追究各个矛盾产生的深层原因，往往就会

发现不像自己所感受到的那样简单。

其实很多事情都很难单纯地就归咎到某一方的身上。双方对于事情的结果都是负有责任的，一个巴掌拍不响。可是我们往往都是首先站在自己的立场上看问题，想问题，于是乎体会到了种种的不公平和愤怒。但是如果我们能够站在别人的立场上来，就会发现，别人的做法对他自己来说是最合理的。

我们都希望被别人理解，但却常常拒绝理解别人。

也许是态度不对，也许是方法不对，总之如果我们的行为有缺陷，就更可能诱导出了别人的恶行，相反如果我们能够努力提升自己的修养，那么就会更多地诱导出别人的善，而矛盾和摩擦在最初就会失去了发生的可能。

那么，我们应该如何反省自己呢？在佛教用语中，有一个词叫作"觉知"，表达的是一个人将全部的注意力有意识地集中在自我的身体内部及周围环境的心理体验过程。

佛家认为，觉知是佛性。当一个人时刻带着觉知做事，那么这个人就是一个清醒的活着的人，这说明些人佛性未失。佛性是人修行的最高境界，当你处于觉知的状态时，你就是在修行佛性。

而西方的心理学家则认为"觉知即治疗"，也就是说一个人的自我觉知过程就是自我的心理治疗过程。现在心理咨询师所运用的认知治疗技术，就是让有心理障碍的患者去挖掘分析自身问题的核心原因的过程。说白了，心理专家的工作就是帮助心理问题咨询者对自己的问题和自己问题的深层原因有一个觉知。在做完这一步工作后，很多患者的问题不需要专家治疗便迎刃而解了。

如果一个人想解决自我的问题，寻求改变，那么觉知也是一个人改变的开始。如果一个人都不知道自己问题出在哪儿了，或者不知道自己已经出了问题，那他根本就不知道应该怎么去改变或朝哪个方向去改变。

所以，自我觉知能够让我们认清自我，认清世界。自我觉知会释出你的智慧，使你成熟，越来越能常控自我。

有这样一个关于夏启的故事：

夏朝时候，诸侯有扈氏起兵反叛，率兵入侵。夏禹便派他的儿子伯启前去迎战，结果伯启被打败了。

伯启战败，他的部下很不服气，要求继续进攻，却被伯启阻止。伯启说："不要再战了，我的兵比他多，地也比他大，却被他打败了，这一定是我的德行不如他，带兵方法不如他的缘故。从今天起，我一定要努力改正过来才是。"

从此以后，伯启每天很早便起床工作，粗茶淡饭，照顾百姓，任用有才干的人，尊敬有品德的人。过了一年，有扈氏知道了，不但不敢再来侵犯，反而自动投降了。

至圣先师孔夫子忠告我们应该"日三省吾身"，就是告诉大家用一种自问自答、反求诸己的自我沟通方式进行自我觉知。其实，具体到我们生活中，就可以简化成自我反思的过程。

一个人如果能够随时反省自我，他必然成为一个伟大的人，因为他总是快于他人地在进步、改变、强大自我。

但是，自我反省不等于一味地自责，而应该有一个正确的标准。

子曰："见贤思齐焉，见不贤而内自省也。"这里的"贤"便是一个自我反省的标准。成功的人，德行高的人，拿自己与他们作比较，看到自己的错误、不足，然后才能改变自我。看到自己的优点、长处，鼓励自己前行，最终成为可以与他们一决高下的人。

所以，如果找不到这个正确的标准，你将无法认识到问题所在，这样你的反省不但没有意义，甚至可能会误导你犯下更大的错误。

此外，自我反省需要认真谦恭的态度。不够认真谦恭就很难看到自己的不足，反而会臆测出很多客观原因来为自己开脱，这样不但不会找到解决问题的方法，反而会使自己陷入更深的泥潭。认真谦恭能够让我们看到事物真实的一面。

时时刻刻保持自我觉知的状态，就是随时都做好自我反省、不断学习的准备。所以，自我反省是第一步，学习完善才是要点。如果光反思却不行动，那只能是纸上谈兵。

比如职场工作竞争激烈，很多人争抢一个岗位。很多人屡屡面试，却屡屡受挫。这时，有人干脆转行，再去尝试其他的，或许难度低一些的岗位。而有的人刚一次次反思自己的不足，马上去学习完善，最终找到一份好工作。而那些逃避挑战，不反思自己，而总是抱着换个工作再试试看的想法，只能让自己的职场之路越走越窄。

记住一句话：随时地自我觉知、自我反省，是一种在现实社会中非常必要的生存手段。当所有人都在奋斗、学习、进步时，没有进步的人的处境便极其危险，很可能随时被他人甩在身后。而此时，自我觉知的作用不言而喻。

"自古及今，未有能全其行者也，故君子不责备于人。"人无完人，不管是别人，还是我们自己，都是不完美的，都有可能犯错，所以我们要理解不完善是人的本性，那么我们为什么不能原谅别人的不完美，就如同原谅自己的不完美一样呢？所以有德行的人不会对别人求全责备，因为谁也无法通过责备就能让一个不完美的人变得完美。

所以，发泄对别人的不满，不如秉持着"静坐常思己过，闲谈莫论人非"的修行方法，把时间和精力用在反思自己，完善自己上面，这样既能够减少自己犯错的几率，也能同时减少别人不善的反应次数。

5. 一个强项足以让人对你刮目相看

走在城市的马路上，只要你多加留意，就会发现这样一个现象，有时候路边一棵树长得好好的，绿化工们却要将树木的一些枝桠砍掉，只留下光秃秃的树干，甚是难看。不要以为这是他们在破坏环境，其实他们这是在帮助这些树生长。因为在城市当中，土壤的养分和含水量是有限的，如果不将这些枝桠砍掉的话，这些树就很难成长起来，侧枝越多，树木的养料供应就越分散，主干汲取到的养分就越少，营养缺乏，导致的结果就是树木不能长高。

其实树的生长与人的成长很相似，一个人想要获得更好的发展，在时间和精力有限的情况下，就不能朝多方面发展，古语说，术业有专攻，其实就是这个道理。

早些年曾经有人喊出过"综合型人才最难得"，这句话的意思是，一个人假如能够掌握多方技能，那么他要比掌握单一技能的人要吃香。诚然，这句话有一定的道理，但是它忽略了一个前提，每个人的精力和时间都是有限的，如果想要多方面发展，那很可能就会出现"样样懂但样样庸"的情况。这就好比一个人兴趣广泛，他喜欢打篮球，也喜欢踢足球，还喜欢弹钢琴，玩吉他，但是，他的时间毕竟是有限的，如果他想将自己的每一种兴趣爱好都学好，显然会让他分身乏术，到最后，他玩篮球打不过那些篮球爱好者，踢足球踢不过那些足球爱好者，钢琴和吉他也只能够弹几首简单的曲子，虽然他可以说这些自己都会玩，但是他不能说自己在这其中的任何一个领域都是佼佼者。

所以说，与其门门都涉猎，倒不如一门精通。因为有强项，才能够让人记住你。

蓝洁在本市某医院的宣传部门工作。有一次，蓝洁所在的医院需要做业务宣传，蓝洁便联系了两家有过医疗广告经验的文化公司。她觉得一时难以决定选择哪一家作为自己的长期合作伙伴，于是想先了解这两家公司。

第一家公司规模比较大，而且业务很多，除了做医疗广告，他们还做汽车广告、食品广告，这家公司的名气也很大。第二家公司的规模显得就有些小了，公司只有二十多个人，实力明显不如前者。"你们凭什么敢接我们医院的活儿？"这是蓝洁抛给两个公司负责人的问题。

第一家公司的负责人回答："我们公司成立得早，经验足，不但有过医疗广告的制作经验，而且在很多方面都有涉猎，我们公司也是人才济济，曾经有几份广告作品还获得过广告界的大奖……"这位负责人说了很多，但是蓝洁却只是点头不语。轮到第二家公司的负责人说话了，只见对方拿出一摞资料，递到蓝洁面前，说道："我们公司只做医疗推广这一个项目，这里是我们所有的成功案例。"

蓝洁嘴上不说，但其实心里早已经敲定了答案。没错，她选择了第二家公司，因为在蓝洁看来，一家公司不管实力有多雄厚、业务领域有多宽广，但是她需要的只是医疗领域的广告，不管你们拿过什么奖，但那跟医疗广告无关。

还有这样一个故事：两位大学生同时去某单位应聘，当面试官问道："能告诉我你们的特长吗？"其中一位回答："我大学时是学院篮球队的，喜欢看书，文字驾驭能力也相当不错，我还会摄影，各种单反都会用。"面试官接着问："这些你都精通吗？"这下对方开始支支吾吾起来，无奈之下，只好撇嘴道："算不上精通，马马虎虎吧。"

轮到第二位大学生回答时，他直说了一句话："我的字写得非常好，曾经拿过奖。"面试官当场递给他一张纸一支笔，他就在上面写下了这家公司的名字，字体潇洒，遒劲有力，折服了在场所有人。

最后，第二位大学生获得了这份工作。面试官给出的理由也很简单，第一位大学生虽然说自己会很多，但是都不够精通，这跟许多来面试的大学生一样，很是平庸，但是第二位那一手漂亮的好字却让我深深地记住了。

没错，别人能够记住的只有你的强项。你的强项令别人折服了，别人才能放心地将任务交给你。能成为一名多面手固然是最好，但我们要明白一个人的精力和时间是有限的，一个人就一个脑瓜一双手，一天就 24 个小时。

如果一个人的兴趣"泛滥"，什么都想去做成，并且切切实实地每样想做的事情都投入了时间和精力，结果往往是什么都做不成，倒不如把有限的时间和精力投入到一项专业当中，这样的话，就能够成为这个行业的翘楚，当别人需要某一专业内的人才时，他们也只会想到去找最精通这个专业的人，而不是去找那些自诩门门精通，但门门平庸的"多面手"。

第3章

认清自己，你不可能得到所有人的满意

1.墙头草不好当，有原则让别人更信任

生活中，我们经常能看到这样一些人，在两种观点之间，他们没有自己的主见，人云亦云，见风使舵，被人称作"墙头草"。虽然有时候他们并不是有多么地大奸大恶，甚至有些人还很有能力，但并不妨碍别人对他们的嫌恶，觉得跟这样的人在一起，肯定早晚会被他们出卖。但你要是问他们为什么会这么做，他们也会觉得很委屈："因为我很善良，两边都不好意思拒绝啊，为什么最后里外不是人呢？"

其实，这就是不好意思惹的祸，因为不好意思，所以不忍心坚持自己的原则，结果对方不仅不领情，还会觉得你这个人不可信，不可交。所以，要想让自己更受欢迎，首先就要拥有自己的原则。

《论语》中有这样一段对话：

子贡问曰："乡人皆好之，何如？"子曰："未可也。""乡人皆恶之，何如？"子曰："未可也，不如乡人之善者好之，其不善者恶之。"

这段话的意思是：子贡问孔子，有一个人，乡里的人都喜欢他，这样的人怎么样？孔子回答："（这样的人）还不行。"子贡又问："又有一个人，乡里的人都厌恶他，这个人怎么样？"孔子回答说："也不行，最好是乡里的好人都喜欢他，乡里的坏人都厌恶他。"

其实孔子话中的这种人就是一个有原则的人，如果一个人让所有的人的喜欢他，那么说明这个人是一个两面三刀，逢人说人话，见鬼说鬼话的人，如果一个人令所有的人都厌恶他，那么也说明这个人做人有问题，不讨任何人喜欢。真正的好人应该做到：令好人都喜欢他，令坏人对他避而远之。而这种人，也一定是原则性极强的人。

　　"乡人皆好之"者是没有原则的。这种人没有是非观，只懂得投人所好。他们巧舌如簧、八面玲珑。在领导面前，毕恭毕敬、唯命是从；在同事面前，和颜悦色，俨然一个"好好先生"。这种人从来就远离纷争，置身事外。一旦遇事，便欣欣然地做起"和事佬"，谁也不得罪。这种人或许能讨绝大多数人的欢心，但却无法让人产生信任感。反之，"人皆恶之"则说明一个人虽然很有原则，但是做人却是失败的，如果人人都厌恶他那他的原则就成了一纸空文，他也无法实现自身的价值。

　　那么如何做到一种平衡呢？

　　首先，我们还是要坚持一些非常重要的原则。

　　诚实守信。不论是做人也好还是做事也好，鱼无水不活，人无信不立。在为人处世时最好是能够诚信待人，言出必行，一个经常失约爽信的人到头来可能会像那个喊"狼来了"的小孩一样，在关键时刻无人伸出援手。

　　不能损人利己，多为他人着想。有人说这个社会遵循着最原始的"弱肉强食"法则，你对别人心软，别人就会对你狠心。这种想法其实谬误至极。社会竞争激烈是没错，但是也必须有一条最基本的底线，一个最基本的原则：不伤害他人，不以别人的利益为自己的垫脚石。这就好比是你有一个朋友，如果他处处为你的利益着想，你还会去伤害他吗？而且损人利己是一种釜底抽薪式的牟利手段，第一次可能侥幸无虞，但是接下来谁还敢跟这样的人打交道，进行合作呢？

　　看淡小利，共谋大赢。我们管一些一毛不拔、贪图小利的人叫"铁公鸡"，他们对财富和利益看得过重，所以事事锱铢必较，一针一线都要跟人算清楚。这样的人很难受人欢迎，而且也是目光短浅，无法谋取大利的人。

不逃避责任，不强加义务。有这样的一个人，他平时可以跟别人称兄道弟，推杯换盏，但一到关键时刻，朋友有难，他却逃之夭夭，不管不问。试问，这样的人以后还能有真心相待的朋友吗？我们作为父母的子女、子女的父母、朋友的朋友、老板的员工，于身边的人都存在着一些责任关系，父母需要我们尽孝，子女需要我们抚养，朋友需要我们帮助，老板需要我们努力，这些责任是无法推卸的，一个经常推卸责任的人到头来只有一个下场，那就是没有人再敢赋予他什么责任了，也没有人会再对他抱有期望。

另外，不强加义务也很重要。比如说，我们帮助了别人什么，就不能去要求别人做回报，这看上去像是一种功利化的交易，也像是一种要挟，这样的人也是无法取得别人信任的。

其次，我们还应该在有原则的基础上学会一点变通。

原则就像是一堵墙，原则性太强的人会令人屡撞南墙，也会令人心生厌恶，所以，光有原则还不够，还要学会灵活变通原则。变通原则，不妨从以下几点入手：

（1）严厉但不失温和。

没有人希望自己的父母或者上级严厉到不讲人情的地步，严厉是没错的，但是严厉过头了或者说事事严厉只会令人觉得喘不过气来，更会让人产生一种敬而远之的想法。所以说，对待事情认真是没错的，但一定要记住给人留一些情面。领导在指出下级的工作问题时事先夸奖一番，再怎么样，也不能让人的心完全凉透。

（2）随和但不处处忍让。

假如一个人性格非常好，事事都顺着别人，无论朋友找他帮忙搞什么，他都尽心尽力，我们会说这个人是一位"老好人"，但老好人是否就一定受欢迎呢？老好人的原则是"为别人两肋插刀，奋不顾身"，但是这样的人明显会被人利用，假如别人要做违法乱纪的事儿，也要帮着干吗？

帮助他人是没有错的，但是一定要学会拒绝，不能处处忍让。一个不会拒绝他人的人也让人觉得不靠谱，心肠虽好，但少些魄力。

（3）属于自己的利益也要去争取。

如果一个人只关心别人的利益，对自己的利益看得太轻，那么这样的人首先是愚蠢的，一个人只要付出了努力，就有权利去获得属于自己的回报。鸡毛蒜皮般的小利我们可以不热心，但不能在大事上马虎。

做人、做事、做工作都要讲原则，没有原则、忘记原则、放弃原则，这都是很危险的。打工皇帝唐骏曾经说："我跟人交往就是让人家喜欢我，人的本性就是喜欢简单和坦诚的人，那我就要变得坦诚，而绝不会用一种欺骗、收买的手段。"因为率性，唐骏很受人欢迎，一些媒体也评价唐骏："彬彬有礼，和蔼可亲，是个既柔软又强硬，既简单又复杂，既清澈又不易捉摸的独特男人。"

没错，一个有原则并且会变通原则的人才是最独特的，而这样的人站在茫茫人海中就像是会发光一样，他们受人欢迎，也为人所信任，他们因为原则而独特，又因独特而"抢手"，而这都要从你坚持原则的那一天开始。

2. 他人只是看客，不要把命运寄托于人

"要做自己生命的主人""要自己掌握自己的命运"，其中的道理每个人都知道，但实际上，很多人却并没有真的做到。想一想，你有没有经历过下面的场景：你刚刚毕业，还没有找到工作，突然一个熟人很热情地给你介绍了一个工作，虽然这个工作并不符合你的专业方向，薪酬也并不合适，但因为不好意思推辞，就接受了。结果这个工作果然非常糟糕，最终你忍无可忍辞了职。虽然这个工作浪费了你大量的精力和时间，但你却没人可埋怨，

他人并不对你的人生负有责任。谁让你当初不好意思拒绝呢？

每个人的手掌上都有三条手线：一条是生命线，一条是事业线，还有一条叫爱情线。有相信手相的人，总是喜欢从这几条线中反复观察，希望能看出自己未来生命的路径。但是，当你把手展开，再握起拳头的时候，你的生命线、事业线、爱情线，以至于其他的全部命运，其实都只存在于你自己的手中。

我们习惯说"习惯决定性格，性格决定命运"，这句话有一定的道理。我们的人生之路看似可以走的路很多，但其实只有一条，除了现在的选择，你没法做别的选择。即使你做了一个很后悔的错事，但如果让你的生命再重过一遍，我相信你还是会走到现在的位置上来。就像上学的时候做的考试题，我们总是在一个地方犯错误，因为"你"没有变，除非有一个很深的记忆让你改变了自己的思维，否则你永远会顺着原路一直走到死，这就是性格决定命运的原因。

一个印地安长老曾经说过一段话，"你靠什么谋生，我不感兴趣。我想知道你渴望什么，你是不是能跟痛苦共处，而不想去隐藏它、消除它、整修它；你是不是能从生命的所在找到你的源头；我也想要知道你是不是能跟失败共存；我还想要知道，当所有的一切都消逝时，是什么在你的内心支撑着你；我想要知道你是不是能跟你自己单独相处，你是不是真的喜欢做自己的伴侣，在空虚的时刻里。"自己就是自己最大的财富，不要怪别人没有给你机会，每个人的机会全部都是自己给的。

在第二次世界大战中，一位美国士兵肯尼斯不幸被俘，随后被送到一个集中营里。集中营恐怖的气氛无时无刻不在缠绕着他，在他精神几近崩溃的时候，他看到室友的枕头下有一本书，他翻读了几页，爱不释手。他以请求的语气问那个室友："可以借给我看吗？"答案当然是否定的，那本书的主人不大愿意借给他。

他继续请求，"你借给我抄好吗？"这次，那位室友爽快地答应了他的要求。

肯尼斯一借过那本书，一刻也没有耽误，马上拿来稿纸抄写。他知道，在这个混乱的环境中，书随时有可能会被她的主人索回，他必须抓紧时间。在他夜以继日、不休不眠的努力下，书终于抄完了。就在他将书还回去的一个小时后，那个借给他书的室友被带到了另一个集中营。从此，再也没有见过面。

在这个集中营里，肯尼斯待了整整三年，而那本手抄的书也整整陪了他三年。每当他被恐惧与无望逼得发疯的时候，他都紧紧攥着那本书，用书中的道理鼓舞着自己，直到恢复自由。

有人总喜欢将自己的命运依附在其他人的身上，想靠别人的力量将自己拉出苦海。结果却往往事与愿违。因为不管是谁，都无法了解你的全部感觉，即使他们为你提供了机会，也未必是你想要的。

我们中有的人每天唱着《明日歌》浑浑噩噩，做任何事情都拖拖拉拉，末了找借口为自己推卸责任。这样的人最危险，因为拖拖拉拉就意味着事情的延误。对生命来说，延误是最具破坏性、最危险的恶习，延误不仅导致财力、物力和人力的损失，也浪费了宝贵的时间，丧失了完成工作的最好时机。而对个人来说，因为延误，你耽误了时机，结果失败了，打击了你的自信心，从此你也许会丧失主动做事的进取心。如果延误的恶习形成了习惯，你难以改变这种习惯，那你的命运也终将一事无成。

有些人非常善于为自己的失败找到各种各样的理由，来解释自己为什么没有达到想要的目标。即使自己没完成，他们也会说"这个事情没那么简单，谁来做都不可能在这么短的时间内完成。"如果有人完成了，他们也会说"那只是他们运气好罢了。"他们习惯了为自己找借口、下台阶。

如果你发觉自己经常因为做事延误而找借口，那么，你应该主动铲除身上这种坏毛病，好好检讨一下自己，别再拿那些借口为自己开脱，在没找到其他的办法之前，最好的办法就是立即行动起来，赶紧做你该做的事情。

时间是水，你就是水上的船，你怎样对待时间，时间就怎样沉浮你。将今天该做的事拖延到明天，即使到了明天也无法做好。做任何事情，应该当天的事情当日做完，如果不养成这种工作态度，你也与成功无缘。所以，正确的做事心态应该是：把握今天，展望明天，从我做起，从现在做起。谁也没有拯救你的权利和义务，不要将命运交托在其他人的手中。

一个勤奋的艺术家为了不让自己的每一个想法溜掉，当他的灵感来时，会立即把灵感记下来——哪怕是半夜三更，也会从床上爬起来，在自己的笔记本上把灵感给予他的启示记下来。优秀的艺术家老早就形成了这个习惯，他们知道灵感来之不易，来了如果白白溜走了，也许会遗憾终生。从我做起，从现在做起，就是叫你立即行动起来，不再延误，这是任何一个成功者的法宝。

也许你每天有很多期望，想做这件事，又想做那件事，比如你想和家人共度一个周末，又想构思下个季度的工作计划。或者你想好好放松一下，自己好好独处，又想参加朋友的聚会，沟通人际关系。结果，因为选择困难，什么也没有去做。

每一件事你只是在想，没有让自己用行动去落实，结果，一拖再拖，所有想做的事情都延误了。为什么会这样？因为你没有养成从现在做起的习惯，你是一位伟大的空想家，不是行动家。真正做事的人就像比尔·盖茨说的那样：想做的事情，立刻去做！当"立刻去做"从潜意识中浮现时，立即付诸行动。

在古代有一个人，非常喜欢收藏古画，但他又非常懒，每次买画之后总是懒得挂在墙上，而是都堆在地上，很快就落了一层灰尘。来他家里看画的朋友都劝他把画挂起来，他也想这样做，但是一想到得把它们清洗，又得固定，他就懒得动了，就放弃了这个念头。

直到有一天，天空突然下起了大雨。为了不让放在地上的画被水溅湿，他很不情愿地把画从满是尘土的墙角下取出来，然后抹去灰尘，钉上钉子，挂起来。忙完之后，当他惬意地坐在椅子上欣赏这些画时，他惊奇地发现，从清理到把画挂上来，前后总共才用了20分钟。他原来以为需要花费半天的。

他想，早知道这样，还不如早点把它们挂上来多好！

就像你给朋友回信，如果某封信需要回复，在你看完信之后应该马上动手写回信。如果延误，过了几天，可能需要回的信件不止一封，而且，当你决定回信时，你得一封一封重读一次，然后再写回信，你看这样多费心，浪费多少时间，如果你当场读完立即回信，就省了好多事，这就是立即行动与延误的最大差别。

庄子在《逍遥游》中说过，人要无所待，才能达到真正自由的境界，如果要依靠外力，就永远达不到真正的逍遥。有的事，如果你不做，没有人可以替你做，你的命运，如果你不想改变，没有人可以替你改变，如果你不想在此时付出努力，一味地跟从别人想让你走的道路，或者不好意思拒绝别人的期望，就必然会在以后的某一时刻，付出更大的代价。

3. 自我肯定，从自己内心汲取力量

生活中总有些人说自己患了"陌生人恐惧症"，见了生人不敢说话，见了熟人却口若悬河。还有些人把自己人际关系的失败归结为羞怯，所以才不好意思当众说话，不好意思对外人表达自己的看法，不好意思麻烦别人，等等。

其实，这些表面上是因为不好意思而发生的事情，其深层原因都是因为自卑。之所以不敢袒露自己的内心，是因为担心自己的看法会不会被别人批评，担心别人会嘲笑自己，担心会受到轻视等等，这些都是自卑的表现。

要想突破不好意思的屏障，首先就要学会自我肯定。一个真正自信的人，会勇敢表达自己，而不是只想得到外界的认同而委屈自己，更不会不好意思活出自己。

都说自信的女人最美丽，其实不只是女人，任何一个人只要拥有自信，都会散发出一种独特的魅力，但是有一些人却曲解了自信的意思，譬如一些"打鸡血"式的培训，用一些激励性的语言和动作，唤起人内心的热情，但是，这些外在的力量就如兴奋剂一样，刚开始确实能在短期内达到爆发的效果，但是时间一长，很多问题就出现了。一旦脱离了那个环境，这种状态也就消失了，这样的自信就不是真正的自信。所以，真正的力量只能来源于自己的心，而不是依靠任何外物。

春秋战国时代，一位父亲和他的儿子出征打战。父亲已做了将军，而儿子还只是一个马前卒。又一阵号角吹响，战鼓雷鸣了，父亲庄严地托起一个箭囊，里面插着一只箭。父亲郑重对儿子说："这是一支家传宝箭，配带在身边将会力量无穷，但切忌不可抽出来。"

儿子仔细地打量着父亲递过来的"传家宝"，那是一个极其精美的箭囊，由厚牛皮打制，镶着幽幽泛光的铜边儿，而后面露出的箭尾一眼便能认定是用上等的孔雀羽毛制作。儿子看后喜上眉梢，贪婪地想象着箭杆和箭头的模样，耳旁仿佛都听到嗖嗖的箭声掠过，敌方的主帅应声折马而毙。

果不其然，配带宝箭的儿子战场上英勇非凡，所向披靡。当鸣金收兵的号角吹响时，儿子再也禁不住得胜的豪气，完全背弃了父亲的叮嘱，强烈的欲望驱赶着他呼的一声从锦囊中拔出宝箭，试图看个究竟。可是骤然间眼前的一幕让他惊呆了。这是一支断箭，箭囊里装着的竟然是一支折断的箭。而我还一直挎着支断箭在打仗！儿子被眼前的一幕吓出了一身冷汗，仿佛顷刻间失去支柱的房子，意志轰然坍塌了。结果肯定不言自明，儿子惨死于乱军之中。拂去蒙蒙的硝烟，父亲拣起那柄断箭，沉重地叹息道："不相信自己的意志，是永远也做不成将军的。"

将战争的胜利全寄托在一支宝箭上，这样的想法是幼稚的，甚至可以说是愚蠢的。

　　有句话说"知人者智，自知者明"，所谓知人者，知于外；自知者，明于道。能认识别人的叫作机智，能认识自己的才叫作高明，能战胜别人的叫作有力，能克制自己的人才算刚强。如果只是把自己的自信依托在外物的基础上，永远不是一个真正的觉悟者。

　　人都要有一种自我肯定的精神。美国黑人的教科书上是这样写着："黑，是世界上最美的颜色。"这就是一种积极的自我肯定，一个能够一个随时充实自己填补自己的人，自然能够拥有自信，自我肯定更是不在话下；而一个没有信心的人，终将无法给人以信心，一件连自己都不能肯定的事情，又怎么能去期望别人能够去肯定呢？

　　从前有一个大富翁家财万贯，富可敌国，可当别人和他交谈时，他却总是诉说"我穷啊！我怕穷啊！"因此有人询问他："你现在万贯家财，可你为什么还要哭穷呢？"他说："不知道什么时候会有水灾或火灾，所谓水火无情，财富会给水火荡尽啊！"人们再度追问道："怎么会有那么巧，会有这么多的水火？"富翁说："那就算没有，贪官污吏也会抢夺我的财富啊！"又有人质问道："哪来的那么多的贪官污吏？"富翁说："就算没有贪官污吏，我那些不肖的子孙也会让我倾家荡产啊！"富翁接着又说："还有盗贼土匪、通货膨胀、金融风暴、经济不景气，这么多的事情随便哪一件不能使我的财富一夕之间化为乌有啊？你说我怎么能不穷呢？"

　　而相比之下，另外有一个平凡的农夫，虽然家境一般，仅能度日，但他却经常告诉人家，说他是全国最有钱的富翁。当税捐处听到之后，便想要扣他的税，问他是不是自认为是世上最富有的人？农夫认可后，税务人员就问他："那好，那你倒是给我说说你都有哪些财富呢？"农夫说道："第一，我的身体很健康；第二，我有一位贤慧的妻子，我还有一群孝顺的儿女；

第三，也是更重要的，我每天都有愉快的工作，到了秋冬的时候，我的农产品还会有很好的收成，你说我怎么就不是世界上最富有的人呢？"税务人员听完之后，一阵木讷，而后便恍然大悟，恭敬地对他说："你真的不愧是一个最懂得人生之道、最具有智慧的富者。"

所谓的"幸福之道"在于个人的悟性，面临不同的处境不同的人会有不同的说法。富甲一方却整天因为一些子虚乌有的事情而惊慌焦虑，没有真正享受到金钱给他带来的快乐；而平凡的农夫，虽然家境贫寒，但是他有一颗肯定自己、肯定生活的心。

生活中，人们也总喜欢拿自己去跟别人在不同的方面作比较。如果自己过得比对方好，就洋洋得意；如果自己比对方过得差，就觉得丢脸。甚至在比较的过程中，用错了方法，总拿自己的短处和别人的长处比，最后因为贪羡别人而妄自菲薄，甚至自怨自艾，这样的心态是十分不健康的。

自然界中有一个著名的吸引力法则，这个法则认为：你生活中的所有事物都是你吸引过来的，是你大脑的思维波动所吸引过来的。所以，你将会拥有你心里想的最多的事物，你的生活，也将变成你心里最经常想象的样子。

所以，当你觉得一切都在你的掌握之中时，这种感觉本身就能很好地帮助你实现目标。这种自信的感觉会帮助你有选择的，而不是被动地接受所面临的各种事情，你可以将看似无绪的一堆问题分解成若干具体的小事，一件件来应付。完成一件，就在清单上划去一件，并告诉自己：我才是我人生的主宰。

要知道：一味地对自己妄自菲薄，不仅是对自己的一种不尊重，更是一种不负责任的行为。能力是培养出来的，本事也是练出来的，对自己多一份肯定，便多了一份信心和希望，要想得到他人的认可，首先少不了自己的肯定。每天对着镜子说声我爱我自己，无论什么事情都相信自己一定能行，那么人生还有什么不可能，还有什么不可以呢？

4. 接受自己，做自己当下该做的事情

台湾著名漫画家朱德庸，曾经说过这样一段话："我相信，人和动物是一样的，每个人都有自己的天赋。比如老虎有锋利的牙齿，兔子有高超的奔跑、弹跳力，所以它们能在大自然中生存下来。人们都希望成为老虎，但其中有很多人只能是兔子。我们为什么放着优秀的兔子不当，而一定在当很烂的老虎呢？"

我们在生活中一定看到过这样一种人，他们虽然工资不高，也没有什么发展前途，却总喜欢打肿脸充胖子，吃的用的都是高档的，否则就会怀疑别人看不起自己，觉得不好意思。其实，并不是别人真的不接受他们，而是他们心中自己不能接受自己。

其实许多人缺少的不是美，而是无法欣赏自己的美，总觉得别人拥有的才是最好的。所以说自信本身就是一种美。只是拥有的人都没有觉察到而已。

在人生的十字路口，总是有太多的选择等着我们去做，更痛苦的是每一个选择的背后都承载着我们难以预测的不同的结果。现实社会的诱惑太多，一个个迷离的剪影让我们根本无法辨别哪些是真哪些才是假，久而久之原本清晰的线路也变得让我们无从下脚。

有句话说得好，"鞋合不合适，只有脚知道。"最好的不一定就最适合你，而那个最适合你的才是最好的。

从前，印度有个国王名叫察微。有一次，在空闲的日子里，察微王穿着粗布衣服，去巡视民情。他看到一个老头正在愁眉苦脸地补鞋，就开玩笑地问他："天下的人，你认为谁是最快乐的？"

老头儿不假思索地回答："当然是国王最快乐了，难道是我这老头儿呀？"察微王问："他怎么快乐呢？"老头儿回答道："百官尊奉，万民贡献，想要做什么，就能做什么，这当然很快乐了，哪像我整天要为别人补鞋子这么辛苦。"察微王说："那倒如你

讲的。"

于是，随后他便请老头儿喝葡萄酒，老头儿醉得毫无知觉。察微王让人把他扛进宫，对王后说："这个补鞋的老头儿说做国王最快乐。我今天和他开个玩笑，让他穿上国王的衣服，听理政事，你们配合点。"王后说："好！"

老头儿酒醒过来，侍候的宫女假意上前说道："因为大王醉酒，各种事情积压下许多，应该去办事的地方了。"众人把老头儿带到百官面前，宰相催促他处理政事，他懵懵懂懂，东西不分。史官记下他的过失，大臣又提出意见。他整日坐着，身体酸痛，连吃饭都觉得没味道，一天天瘦了下来。

宫女假意地问道："大王为什么不高兴呀？"老头儿回答道："我梦见我是一个补鞋的老头儿，辛辛苦苦，想找碗饭吃，也很艰难，因此心中发愁。"众人莫不暗暗好笑。夜里，老头儿翻来覆去睡不着觉，说道："我究竟是一个补鞋的老头呢？还是一个真正的国王？要真是国王，皮肤怎么这么粗？要是个补鞋的老头又怎么会在王宫里？"

王后假意说道："大王的心情不愉快。"便吩咐摆出音乐舞蹈，让老头儿喝葡萄酒。老头儿又醉得不知人事。大家给他穿上原来的衣服，把他送回原来的破床上。老头儿酒醒过来，看见自己的破烂屋子，还有身上的破旧衣服，都和原来一样，全身关节疼痛，好像挨了打似的。

几天之后，察微王又去看老头儿，他问了老头儿同样一个问题：这世界上谁最快乐？老头儿说："我想最快乐的人还是我们自己吧。"

佛祖说："莫羡王孙乐，王孙苦难言；安贫以守道，知足即是福。"故事中补鞋的老头儿羡慕国王的生活，以为锦衣玉食、万民朝拜就是一种快乐，岂不知国王也有国王的苦恼，补鞋也有补鞋的乐趣。

几乎所有的人都有过觉得世界不公平的感觉，曾经的同窗好友，如今已经分出好坏成败，有的人坐着锃亮的大奔，也有的人每天早起几小时只是为了赶上不太拥挤的公交车。但是，世界上没有绝对的幸福，只有相对的快乐。我们和过去比，和邻居比，和同事比，和朋友比，比工资，比吃穿，比爱人比孩子，似乎只有在比较中我们才能找到自己在生活中的位置和分量。但是，这么做真的是正确的吗？

不要羡慕别人，也不用和别人比较。我们不能做一辈子那种只有拉扯着才能动的木偶，我们要做好自己，无论多大的诱惑摆在面前，我们只做自己当下该做的事情。

庄子与惠子游于濠梁之上。庄子曰："倏鱼出游从容，是鱼之乐也。"惠子曰："子非鱼，安知鱼之乐？"庄子曰："子非我，安知我不知鱼之乐？"惠子曰："我非子，固不知子矣；子固非鱼也，子之不知鱼之乐，全矣。"庄子曰："请循其本。子曰'女安知鱼乐'云者，既已知吾知之而问我，我知之濠上也。"

庄子的话不是诡辩，而是隐藏了一个很深奥的道理：任何人在任何时候，都要认准自己的位置，不羡慕别人，也不要小瞧自己。世间万物都是平等的，"以道观之，物无贵贱"，适合自己的环境才是最好的。

我们为什么越来越不快乐？因为似乎身边的人都过的比自己快乐。但是，每个人都不是他看上去的那个样子，人们总会把不为人知的一面放在心里，而把最灿烂的一面展现在人前，这是人本性的虚荣，也是人本性自我保护的需要，而我们却把对方最光鲜的一面对比自己最寒碜的一面，怎么能轻松得起来呢？

我们最大的压力在于：能让我们感到痛苦和幸福的都不是自己，而是其他人。因为我们把评判和审判的权利都交给了别人，而忘记了真正的自己。

放眼望去，大千世界有太多东西可以供我们比较，但是我们每个人都有属于自己的位置和角色，我们不可能在每一个位置和角色上都做得出类拔萃、声名显赫。盲目地攀比，不仅会让我们失去对未来的信心，久而久之更会在一次次"打击"中丧失了自己的特色，到头来一切都只是徒增烦恼罢了。

要想做出一番伟业，必须要学会做事。要想学会做事，那么一定就要先学会做人。芸芸众生，人各有命，享受你所有的，努力争取你希望有的，放手他人有你没有的，生命自会多出更多精彩。

5. 找准位置，别让他人影响你的判断

从前，一个农夫养了一只小猴和一头小驴。

小猴乖巧伶俐，整天在主人的房顶蹦来跳去，非常讨主人喜欢。每当家里有客人来时，主人都会让小猴出来逗逗趣，并向他人夸赞小猴聪明、可爱。而此时的小驴却只能在磨房里默默地拉磨。时间久了，小驴觉得心里很委屈，很不平衡。他也想像小猴一样讨主人的赞赏。

有一天小驴终于鼓足了勇气，踩着墙边的柴垛，颤颤巍巍地登上了房顶。谁知，还没等他蹦起来，主人的房瓦就被他踩坏了。主人闻声把小驴从房上拖下来就是一顿暴打。小驴的心里更委屈了，他不明白，为什么小猴这样蹦来蹦去主人就开心，还大加赞赏，换成自己却要挨打呢？

其实，生活中很多人都有过像小驴一样的困惑，为什么同样一件事，他人做就效果很好，自己做就完全不同的待遇。其实，这只是问题的表象，此时我们真正应该认识到的问题是：是什么让我们选择放弃原来的自己而去模仿他人，在他人的流言蜚语中迷失方向，失去自我，找不准自己的位置呢？

其实，还是你自己心里本身就对自己没有一个清晰的定位。所以才会在各种不同的意见中迷失，不好意思真正做自己罢了。

"你是谁或你将成为谁"，回答这个问题最多的人不是你自己，反而是围绕在你身边的人们。人们总是喜欢对他人评头论足，指点江山。那是因为人的眼睛只是看到他人，却不容易看清自己。

在我们的成长过程中，就会受到这些人的影响。大家都认为我性格内向，我就真的表现得寡言少语。大家认为我应该当老师，我就真的在报考志愿时首选了师范专业。诸如此类，我们生活中的很多选择和判断会受到他人的影响。

　　正如网络上流行的一段话："你选择了父母喜欢的学校，选择了热门且好就业的专业，凭什么要过你想要的生活。"是呀，当你总是受他人观点的影响做自己的判断和选择，你就没有理由再来抱怨为什么我不能做自己喜欢做的事。如果你想要追求自己的生活，就要学会让自己内心的声音发出来，盖过他人的言论，只听从自己的内心。

　　有这样一个故事：

　　一个乞丐在街边靠乞讨和贩卖铅笔为生。很多人从他身边走过，都会同情地投给他几枚硬币，然后便离开。所以，他的铅笔其实无所谓卖或不卖，没有人真正关心，连他自己也不关心自己的铅笔到底卖了多少。

　　有一天，一个富商从路边经过，看到可怜的乞丐，同样顺手投给了乞丐几枚硬币，富商正要转身离去，忽然又停了下来，退回几步来到乞丐面前说："我付了钱，还没有拿走我的铅笔，我们都是商人。"几年以后，这位富商参加一个上流社会的高级酒会，一位衣冠楚楚的先生走过来向他敬酒："先生，我要谢谢你。"

　　富商很诧异："可是，我好像不认识你。"这位先生说："几年前，我在路边卖铅笔，您曾经买过我的铅笔。所有的人都觉得我是个乞丐，而只有你告诉我，我们都是商人。所以，我要感谢你，是你鼓励了我。"

　　一个在路边靠卖铅笔乞讨的人，有人定位他是乞丐，有人定位他是商人，其中的关键不是别人，而在于他自己。如果他就认为自己是个乞丐，也许他会甘于每日收取路人投过来的硬币，以此为生。但他给自己定位是一位商人，不管自己当时卖的是多么廉价的铅笔，最终，他会像个商人一样去经营自己的事业和人生，成就不一样的自己。

　　不是所有人都很清楚自己的定位，或者心里明明有着对自我的定位，却因为外界的环境影响而动摇，跟风，模仿，企图通过复制他人的成功而更快地成就自己，结果往往是弄巧成拙，欲速则不达。

　　一味地东施效颦，往往会迷失自我，而坚守自我，找到自己的位置，却可以打造一个属于自己的舞台。坚守自我是要认清自己的能量，发挥自己的潜能，不断提升自我。坚守自我是绝不墨守成规，而是倾听自己的声音，抵抗他人的干扰，真正地做自己。

第二篇

定义不了人生起点，但可以掌控人生轨迹

第1章

没有不可改变的人生

1. 自己是最可靠的靠山

有人说，现在的社会进入了"拼爹"时代，一个人没钱没背景，根本不可能谈什么成功。事实真的是这样吗？

有一个法学院毕业的男孩子，家境贫困但成绩优异。毕业之后，家里有背景的同学们都利用各种关系，进入了好的单位。但他因为家庭的关系，必须回家照顾父母。一个小县城，怎么发挥自己的专业呢？他为此一筹莫展，本以为上了大学有机会能够走出去，没想到最终还是要回来。

但是，他并没有因此而自暴自弃，通过对家乡的考察，他发现这或许对他来说是一个很好的机会，因为在这里，没有真正的专业法律人才，只有他一个是正规法律专业毕业的人，领导对他也十分赏识，尽管他刚刚毕业不久，依然被委以重任，很多案子都交他处理，而他也十分努力，不断学习，众多的实践机会让他成长很快。不久以后，县里有一个律师考试的名额，颇受上级器重的他自然得到了这个机会，他考取了律师证书，并且因此成为了当地律师事务所的所长。

而此时，当初费尽心机留在大城市的同学们，则因为在激烈的竞争中缺乏足够的历练机会，几年过去了，依然是见习律师，连正式的案子都没有处理过。这个时候，他反而成为了同学之中最有成就的佼佼者，很多人纷纷开始说他交了狗屎运。殊不知，在当初毕业分配的时候，有多少人觉得他命运不济。

真正的成功不是靠别人的光来照亮自己，如果你想让你的人生获得成功，一定要记住：自己才是唯一的依靠。别人的眼光和标准，都不足以束缚你的思维和行动。自己掌控自己的命运，你才能够主宰你的人生。

文学巨匠泰戈尔说过："无论身处顺境，还是逆境，人生都是一场历经艰辛的磨砺和战斗，虽然敌众我寡，但是只要你能够笑到最后，一样是胜利者。"不管面对怎样的状况，只要你自己足够坚定，付出了足够的努力，所有的困难都是能够战胜的。或许，当你回头在看这段经历的时候，你自己都会感到吃惊，原来我的坚持能够帮助我战胜如此巨大的困难，能够有如此大的能量。

美国有一种非常出名的美味叫作"琼斯乳猪香肠"，这个品牌的背后，也有一段颇为励志的故事。

这个品牌的创造者叫琼斯，他最早是在威斯康星州的一个农场中工作，收入十分微薄，生活也很艰辛，好在他身体健康、工作勤奋，也还能够勉强维持一家人的生活。然而，天有不测风云，一次事故让琼斯的命运被完全改写，他瘫痪了，只能躺在床上度过残生。所有人都认为他的人生就此完结，琼斯自己也绝望不已，他开始自暴自弃，开始埋怨上天不公，他的生活完全被阴影笼罩，看不见一丝光明。

这时，母亲对他说了这样一段话："琼斯，不要每天埋怨上天的不公，这样对于人生毫无意义，积极一些，其实命运都是我们自己来掌握的，你虽然没有了双腿，但是你还有大脑。"

母亲的鼓励让琼斯内心重新燃起了生命的希望；"对啊，我总是在埋怨上天而没有反思自己，我可以用我的大脑来改变我的命运。"

这以后，他重拾人生的信心，内心的各种想法像火一样迸发，他开始琢磨如何才能够致富，改变家庭的现状。他的内心不再被消极占据，各种积极的想法开始让他的思维变得活跃。经过他成熟的思考之后，一天，他跟家人说："如果我们将我们农场全部种植玉米，然后用这样的新鲜玉米来喂猪，将猪肉全部做成香肠，这样新鲜玉米喂养的鲜嫩猪肉肠，一定能够得到人们的喜爱的。"

后来的事实证明，琼斯的想法是正确的，"琼斯乳猪香肠"这个品牌正式出现在市场上，很快就得到了市场的高度认可，迅速成为了人们十分喜爱的美食，并且经久不衰，琼斯一家也因此有了翻天覆地的变化。

后来，琼斯以自己的经历撰文，鼓励那些因为生理残障而绝望的病人，其中有这样一句话："如果人生交给我们一个问题，它也会同时交给我们处理这个问题的能力，而绝不会使我们陷入窘境。每当我们受到阻碍不能正常地发挥我们的能力时，我们的能力就会随之变化。即使你的身体处于一种极不好的状态中，只要你的心态是好的，你仍然可以过着对社会有用的幸福生活。"

车到山前必有路，不管你遭遇了怎样的艰难，上天也都留有一条道路给你，只是需要你自己来发现。琼斯的故事就告诉我们，即使你遭遇了天大的困难，但是只要你不屈服，你的未来依然可以成功。风雨过后就是彩虹，需要的是你擦亮自己的眼睛。

人生中并不总是一片坦途，我们也不能够奢望总是如意美满，在生活中跌倒，首先需要有爬起来战胜困难的勇气。只要你自己鼓起信心，人生就没有不可战胜的困难，只要我们内心坚定，我们的生活就有希望。

微笑地面对人生中的困难吧，那是磨炼我们的契机，将会使我们变得更加坚强。勇敢地接受人生的挑战吧，困难后面隐藏的是你人生真正的财富。

2. 建立心中积极的心理暗示

很多人看到别人的辉煌，总是认为那是上天特别的眷顾，对自己的失意全部都认为是上天不公。这种想法本身就是不合理的，如果你的心中没有成功的种子，成功是不可能主动生根发芽的。在心理学中，这就是心理暗示的作用。

心理暗示的作用究竟有多大呢？曾经有心理学家做过这样的实验：

心理学家来到一个小学，在两个水平都几乎相同的班级上，对其中一个班级的学生说，他们是经过挑选的，是具有特殊潜能的人，他们的前途不可限量；对另外的一个班级的学生则说，他们是智力一般的群体，他们的未来注定平庸。仅仅过了两年的时间，这两种不同的心理暗示就产生了不一样的效果。被暗示天才的班级的学生的成绩有很高的提升，并且学习热情空前高涨；而另外的一个班级则恰恰相反，即便是成绩良好的学生也趋于平庸了。

实验证明，心理暗示的作用可以强大到改变一个人。

一个青年人，在铁路上工作了四年，依然只是一个基层的加煤工，每个月只能获得40美元的收入，但是，这依然不妨碍他有自己心中的梦想："我希望以后成为一家铁路公司的老板。"别人听到了之后，都嘲笑他的不自量力，即使最为好心的人也规劝他："与其想那些没有希望的事情，还不如踏踏实实地做好你的加煤工作，争取能做到一个司机，这样就已经很不错了，就你这样的人还能有其他的出息吗？"

这个年轻人叫作梅里达，他的梦想在旁人看来匪夷所思，但是，他并不满足于那些人说的成为司机的人生之路。他不断学习，最终抓住机会，真的成为了一家大型机车公司的高管。

罗斯福，美国历史上最伟大的总统之一。但可能有人不知道，他还是一个残疾人。他在少年时期，更是一个胆怯、脆弱的孩子，甚至在课堂上被老师点名回答问题，也会瑟瑟发抖。

罗斯福能够获得巨大成功的关键，就是他总是能够用自我暗示，来让自己获得正面的能量，他常常对自己说，我在未来一定要成为伟大的人。在他陷入困境的时候，他就以这样的心理暗示来重振雄风，在他被伙伴嘲笑的时候，他就用这样的心理暗示来恢复心理，甚至，他用这样的心理暗示，将他的习惯性哮喘，变成了一种具有振奋精神的嘶吼。就是这样的心理暗示，让他总是能够获得正面的心态，获得积极的心理，从而最终通过自己的奋斗，获得了成功。

人的潜力是很巨大的，只是不同的人的潜力开发程度不同而已。只要能够有效的激发人的潜力，有时候会迸发出惊人的能量。心理暗示就是一种能够帮助人深度挖掘潜力的方法。

面对自己，很多人在自己的心里面已经给了自己这样的暗示：我能力一般，不是什么大人物，只能够甘于平淡。事实上，人与人之间没有那么大的差别，那些伟大人物他们本身也没有任何特殊的地方，只是他们努力更多而已。所以说，尝试建立正面的心理暗示吧，这能够激发你获得奋斗的动力和勇气。

第2章

弄清楚一个问题：你到底想要什么

1. 随时清零，保持"空杯"心态

曾经听过刘欢唱的一首歌，歌词有一句是"看成败，人生豪迈，只不过是从头再来"。然而现实中人们往往最怕的就是从头再来，重新来过。尤其是对人到中年，已经有了一点成就和基业的人就更是如此。从头再来，之前的积累一下子一笔勾销，付出的辛苦全都付之东流，这怎么能不让人心生软弱呢？

有一位女性刚刚结束了自己一段失败的婚姻，心情很是低落。她觉得婚姻的失败对她打击很大，觉得自己这小半辈子的人生全都白过了，奋斗了这么多年，到头来还是什么都没有。这种心态在女性身上是非常常见的，不管是失恋还是婚姻失败，很容易让女性产生这样的消极情绪，但是一次感情的失意，真的有这么严重吗？

结婚了不一定就代表着你得到幸福了，离婚了也不一定就代表着你注定不幸福，就算你们没有离婚，勉强凑合在一起，那不是更痛苦的事情吗？为何要在一段感情结束的时候，哀叹自己失去了一段人生，而不是庆幸自己又可以重新活一遍了呢？

不光在感情问题，生活中的很多时候，人都要学会适时地去为自己清零，减少不必要的伤害。随时清零还有好几种不同的含义。

第一层含义，就是倒空自己，才能接受新的东西。

古时候一个佛学造诣很深的人，听说某个寺庙里有位南隐和尚，德高望重，很有修为，于是便去拜访。南隐和尚的弟子接待他时，他的态度十分傲慢，对谁都不说一句话。等到落座之后，南隐和尚特地为他斟茶。倒水时，明明杯子已经满了，南隐和尚却还是不停地倒水。于是他终于撑不住了，提醒道："大师，为什么杯子已经满了，你还要往里面倒水呢？"大师停了下来，说："是啊，既然已经满了，干嘛还要倒呢？"意思是，你既然脑袋里已经装满了，为何还要来找我呢，你不先把你的杯子倒空，把你自己的那一套放下，你叫我如何对你说禅？

清零的第二层含义，是在倒空自己之后，还要创造出新的东西。

古时候，张三丰向张无忌传授太极剑法的时候，教了他两次，但两次的招数却完全不同。张三丰教完后问张无忌："你忘记了吗？"张无忌说："忘记了一些。"张三丰点头赞许。过了一会儿，又问道："忘记了吗？"张无忌说"还有三招没忘"，张三丰很高兴。到了最后，张无忌说："我已经完全忘记了。"张三丰笑道："好啊，现在你已经练成太极剑了。"

要想达到新的境界，我们必须忘掉旧有的经验，否则便一直在过去的小学中无法毕业。只有忘掉过去，主动清零，把自己的心空出来，如婴儿赤子般，不自见、不自是、不自伐、不自矜、不自贵、不自生、不自为大，才能达到真正的"无招胜有招"。

第三层含义，清零让我们回到当初的原始状态，能够有重新审视当前的自己，重新定位自己的角色，重新积蓄新的生命能量的机会。生命中并不是时时都需要做加法，有时候更需要做减法，"为学日益，为道日损"，学会时时清零，时时更新，才能在归零的减法上承托起生命喜乐的加法。

假设明天就是世界末日，那么今天你会做些什么呢？你还会为了上次没能升迁而斤斤计较吗？为办公室里的人事斗争绞尽脑汁吗？或者为了几年前一个人对你的伤害耿耿于怀吗？还会为自己的车不如别人好而不甘心吗？我想我们大概都不会了。如果要我选择，我会把手头的工作全部做完，然后打电话给所有熟悉的人，跟他们说或者听他们说"对不起"，然后把手机扔掉，一个人默默走开，想象着所有我爱的人还在我看不见的地方，快乐地生活着。这样一想，似乎生命中曾经让人痛不欲生的苦难竟然变得那么的微不足道。而这些简单的幸福，我们却在一次次地与它擦肩而过。

如果我们自己不去主动地开始思考，而是等到岁月推着我们到了明白的那一天，恐怕已经是为时已晚。所以如果现在还有时间，又为何要为生命留下这么多的遗憾呢？随时清零，不是让你没有生活的责任感，不是让你现在就辞职去旅行，去离婚寻找真爱，而是拨开名利等等的身外之物，看看那个曾经纯真的自己还剩下些什么，看看自己的内心是否还有生命的活力。

舞蹈艺术家杨丽萍曾经说过："有些人来到世界是想传宗接代，有的是来享乐的，有的是来索取的，而我是一个旁观者，只想好好来这个世界走一走。"回归生命的本初，才是清零的真正含义。

无论你过去的成就是大是小，无论你过去的人生是成功还是失败，它都已经成为了过去，而不能成为我们今天炫耀的资本，或者是自卑的原因。人要想在有限的时间里活出真正的精彩，就要敢于尝试新的角色和开始新的征程，时刻拥有能够从头再来的智慧和勇气。人生只要一次次清零，就能一次次攀上新的高峰，成就自己一次次不同的人生，获得更多更丰富高质量的人生体验。

2. 执着心便是烦恼心

我们一生中，一定都经历过一段要死要活的执着的时期，不管是一个东西、一件事、一段情，还是一个人，结局大概都是未能如愿。因为没有得到，所以更加想要，这种必须要达到什么目的的状态，就是我们所说的执着。可究竟是因为没有得到反而更加想要，还是出自于真正的喜欢呢？可能自己都不是特别的清楚。

于是这就衍生出一个问题：我们为什么会产生执着心？心理学上说，所有行为的背后都会潜藏着一个动机。那么我们执着的心理根源究竟在哪里呢？

如果你得不到一件很喜欢的东西，心里会怎么想呢？有人会很委屈，觉得"自己付出了这么多，竟然得不到一点回报"，感到很不公平，很是受伤；有人会很愤怒，骂对方不识货，说别人都是傻瓜。但是仔细想想，他们的出发点都是自己，是"自己受了委屈"，"自己没有得到回报"，"是对方没有发现自己的好处"等等，这个自己一旦出现，真相就消失了。

我们在遇到外界什么问题时，总会说，你不要那么主观，要站在对方的角度看问题，但是实际上，很少有人能够做到这一点。只要是人，就会有自己的立场，自己的观点。然而老认为自己是对的，老是坚持自己的经验，也就永远无法跳出来看到真正的问题所在。

看不到真正的问题所在，只是一门心思地在同一件事情上重复着同样的行为，表现出来的就是执着心。

执着，是我们心中的一种极端情绪，同时它也是来自于我们的分别心。因为我们分出了这个好，这个坏，所以我们固执的追求好的，摒弃坏的。但是，如果从道的角度来看待万物的话，万物之间其实根本没有什么高低贵贱之分，又何谓好坏，何须执着呢？

如果心中本无我，又何来执着一说呢？

但在我们一般人的印象里，执着有时候一直是个褒义词，把执着和坚持看作是同一个词，这和我们要讲的执着并不是一种东西。

这里要讲的执着心，是我们对欲望的执着，对妄念的执着。所谓的执着，就是抓住不放，执着于一个观念、执着于一件事，执着于一个人、执着于一段情都算是执着。

电视剧《康熙王朝》里的主题曲是那么唱的："我真的还想

再活五百年……"康熙是千古一帝，整个天下都是他的，但是他还是会有可以执着的东西，他想再活五百年，因为舍不下这大好的江山。可见这个执着心，并不是外界给我们的，而是因为我们得不到却又特别想得到。人的欲望是无穷的，不管你得到了多少，永远会有你得不到的东西，但你放不下，这就是欲望，这就是执着。心里有了这个执着心，有了求而不得的东西，每天"寤寐思服，辗转反侧"，那么这能不让人烦恼吗？

古代有一位作战勇猛的将军，偶然得到了一只很喜爱的杯子，雕刻精美，十分珍贵，他十分喜欢，常常放在手中把玩。一次，在他把玩的时候，杯子不小心从他的手里滑脱了出来，虽然被他眼疾手快地接住了，但也给吓出了一身冷汗。他看着这个杯子，想起刚才的事情上，于是心中浮起了一层异样的感觉。他想到自己在战场上冲锋杀敌，尚且没有如此害怕，如今却怎么为了一只杯子这样担心？瞬间他恍然大悟，紧接着将杯子扔在地上摔了个粉碎。从此他的心中也释然了，因为没有了可以牵绊他的东西。

如果把我们生命中的烦恼分一下类，就可以发现，其中有一半的烦恼是怕失去，担心自己已有的消失，另一半烦恼则是得不到，也就是求而不得。不管是执着在已有的事物上，还是执着在追求的事物上，这都是执着。不管是哪一类，都会给我们带来无穷无尽的烦恼，在这个烦恼的生活中，我们没有一个人是旁观者，都是在烦恼里挣扎的众生。所以，生活里因烦恼而自杀的人有之，因烦恼而杀人的人也有之，竟然用生命去为烦恼买单，这是世间最划不来的一件事。

人最不能克服的执着，莫过于感情上的执着，这种执着无非就是一句话：想不开，不服气，我没有得到的，别人也别想得到。其实这都是跟自己过不去。如果说工作上或学业上，执着还可以看作是努力的典型，因为一分耕耘总会有一份回报，那么在感情上却是万万要不得的。

前段时间，上映了一部很火的电影，叫《西游降魔》，据说是大话西游前传的影片。影片中的少年唐三藏，是一个除妖心切却一事无成的降魔人，他的师傅告诉他，他的修行只差那么一点点，但是他却始终参不透这一点点是什么。

影片最后，从始至终深爱着唐三藏的段小姐为了救他，被孙悟空一巴掌打死，拍成了灰烬，灰烬落在唐三藏手上，他在那一刻终于顿悟了佛法，收服了孙悟空，踏上了取经之路。在电影的发布会上，有记者提问这部电影的主创人员，唐三藏师傅所说的那一点点，指的是爱情吗？

电影的主演之一舒淇，是这样回答的："我觉得是放下。很多时候我们必须要懂得放下，珍惜你所拥有的，不要执着于你眼前看到的。有时候放下，才能得到，或者说只有放下才能看得更清楚。或许是这样吧，等到一切都过去了之后，你才更清楚自己想要什么。其实每个人都知道，失恋了，时间过了你就会好的，或者是你再交下一个肯定会好，何必非要揪住不放呢。有些人失恋了一年两年三年，永远走不出阴影，也就永远得不到更多的东西，因为看不到身边的幸福，永远被乌云笼罩着。其实如果你真的放下了，坦诚真诚地去面对自己，走出这一步，就可以见到阳光。不用去计较真假，重要的是你想要过什么样的生活，你选择去过什么样的生活。我不明白为什么很多人一定要知道什么是真的什么是假的，你到底爱不爱我，你到底喜不喜欢我，何必呢？"

其实，执着本身并没有好坏之分，关键在于你执着的事情是什么。如果是对梦想的执着，对生命的执着，对信仰的执着，可以说是一种高贵的品质。但如果是执着于那些水中月、镜中花，那就不叫执着，叫白日梦，叫自我安慰，叫自欺欺人。做人不可执着于一事，做事不可执着于一念，否则害人害己，有百害而无一利。

李安的影片《少年派的奇幻漂流》里面也说过："人生就是不断地放下，遗憾的是，我们都没有好好告别。"这道理人人都懂，就是我们愿不愿意去实践的问题了。

我们可能都听过一个抓猴子的故事，猎人为了抓住猴子，就把椰子挖空，里面放上食物，然后把椰子用绳子连在树上。椰子上留个小洞，可以让猴子空手伸进去，但握拳出不来。猴子们伸手抓到食物，却被紧握的拳头卡在洞里，直到看到猎人到来，猴子仍不放手，只好乖乖地束手就擒。

这个愚蠢的猴子也就是我们自己，我们手中抓着的就是我们的执着。

我们对着自己手里的东西大哭，说，我舍不得，我好舍不得。但是，事情并不是你舍不得就可以留下的。你不能停止雨滴的下落，阻止时光的流去，阻止爱情的消失，阻止生命的结束，你舍不得的东西又能保留到几时呢？只要你肯放下自己的执着心，就能一切释然，但是如果我们不肯，如果我们整日如那个将军捧着"宝杯"一样，胆战心惊，魂不守舍，就永远不会得到真正的自在。

3. 放下，才能得到真正的快乐

人生像只皮箱，需要时就提起，不用时就放下。

这个道理很简单，可是很多时候我们总是在需要的时候没有勇气去提起当提起的，不需要的时候又没有智慧去放下该放下的，这就造成了我们精力的巨大浪费。

有时候，嘴里一再念叨的"放下"不过是因为想得而没有得到产生的自我防御。一个十分明确的"放下"的态度，不过是因为心中有一个更严重的"放不下"，就比如权势、名利、金钱、爱情等等，有的人口口声声地说蔑视它们，反对它们，说自己从来不需要，要与之决裂，其实还是因为你心中一直装着这些东西，放不下。反之，一个心中了无一物的人，真正能放下的人，是不用总是竭力去表明自己"已经放下"的态度的，他早就已经真的放下，真的忘记，真的释怀了。

不放下，从本质上说其实常常是因为看不清现在的局势。

西晋的开国元勋、政治家和军事家羊祜，能文能武，又十分善于审时度势，出兵伐吴取得全胜，为西晋王朝统一中国立下大功。正当他功勋鼎盛之时，他却认为国家太平，便应该急流勇退，屡次推辞朝廷的任命。有人问他，此乃正青云直上之时，为何放下功名利禄？羊祜说："大局已定，我以角巾装束回到故里，享受田园日月，不亦乐乎？"是啊，功成名就，只有不居，方能常保，该放下就放下，又何乐而不为呢？

世上最难解的，就是"恩怨"二字。放不下恩怨，也是造成不快乐的一个根源。

在美国的一个乡下小学里，有一天，老师叫班上每个同学各带个大袋子到学校，并叫大家去买一袋马铃薯。第二天上课时，同学们把马铃薯带来了，不知道老师用它们来做什么。老师叫大家给自己不愿意原谅的人选一个马铃薯，将这人的名字以及犯错的日期都写在上面，有多少就写多少，然后再把写上名字和日期的马铃薯放到袋子里，而这就是这一周的功课。第一天大家都觉得新奇有趣，放学时，很多学生的袋子里已经装满了马铃薯，他们绞尽脑汁把曾经发生的不开心的每件事都写在马铃薯上，放到袋子里，似乎越玩越亢奋。

第二天一早，老师说，在这一周里，你们不论到哪儿，都得带上这个袋子。于是，同学们就扛着袋子上学、回家、游戏，不管做什么都拿着这一袋子的马铃薯。显然，现在，马铃薯已经显得那么地令人厌恶，那么地碍事。尤其是对于那些最初装得最多的同学，这可真是把他们累坏了，压垮了，都巴不得这项作业赶紧结束。

一周后，老师问："你们知道不肯原谅别人的结果了吗？虽然别人曾经伤害了你们，那伤害已经造成了，但是如果你们不原谅，只会让别人过去的所作所为在今天继续伤害着你们自己。有伤害已经叫人不快，为什么还要再扩大这个伤害呢？况且你不肯原谅的人愈多，这个担子就愈重。对这么沉重的负担到底要怎么办才好呢？"老师停了几分钟让同学们先想一想，然后同学们回答："放下来就行了。"

对待过去的伤害，只有放下才是上策。那么对过去所得到的帮助又该怎么办呢？

两国交战时，一方打败，最后只剩下国王一个人，他只能独自逃命。他跑到了一条湍急的水流前。前无去路，后有追兵。怎么办呢？最后他灵机一动，用周围生长的竹子制成了一个简单的竹筏渡过了河，保住了自己的生命。从此以后，他就对这个木筏充满了感激，觉得它是自己的救命恩人，是上天的赐予，是吉祥的征兆，于是便把木筏背在身上行走，不管干什么都不离不弃。别人看了很好奇，觉得堂堂一国的君主，总是这样出入，十分不雅，而国王却说：我背的不是木筏，是我的救命恩人。后来很多年后，在又一次交战中，国王身处狭窄的山崖小路，只容得下一个人的宽度，但是国王却不肯扔下竹筏，无论手下人怎么劝导都无济于事，最后，就在磨磨蹭蹭的时候，敌人追了上来，把他们一举全歼。

人特别容易对帮助过自己或者伤害过自己的人念念不忘，觉得必须牢记这段屈辱，亦或要牢记得这份恩情。放下伤害的好处是容易理解的，也是显而易见，而过于执着于过去的感恩，也同样可以成为一种枷锁和桎梏。竹筏就是竹筏，不过是一种工具，当时渡你过河是它的功用，现在该扔掉也是为了救你的性命。过去的东西一旦在现在变味，就没有再继续执着的必要了。否则就是不识时务。

"一念放下，万般自在。"拿得起，也要放得下，人生才活得通透。生活工作中的诸多不顺，本来就是人生常态，好事多磨，祸不单行，很多都是人力所无法控制的，我们除了坦然接受还能怎样呢？当放下就放下，这并不是不求上进消极的人生态度，而恰恰是能够懂得放下的人，才最终会成为生活的强者。要想成功，先得学会放下。

尼尔在《与神为友》一书中写道：我不会"抓紧"任何我拥

有的东西！我学到的是，当我抓紧什么东西时，我才会失去它，如果我"抓紧"爱，我也许就完全没有爱，如果我"抓紧"金钱，它便毫无价值，想要体验"拥有"任何东西的唯一方法，就是将它"放下"。

第3章

不要自卑，潜意识会决定你有
一个怎样的人生

1. 克服自卑心态，相信自己能行

自信，就是一个人对于自己能力的确认，这种定位能够让一个人的能力得到极大的发挥，在你面对苦难的时候，自信让你勇于克服；在你面对未知领域的时候，自信让你勇于探索。拥有自信的人，往往更容易获得成功。

自信在一个人身上的体现，更多的是一种心态，面对困境不屈不挠，面对挫败，勇敢站起来继续前进。

然而，在这个世界上，总是有那么一个群体，他们将自己身上的弱点无限放大，面对困难总是退缩，在他们的心中，有一个无形的敌人和壁垒，就是他们自己。在他们的心目中，自己是注定失败的人，成功总是离自己很遥远。自己都放弃自己，又怎么能够指望上天眷顾呢？

人生而平等，这里的平等一方面是人格上的平等，另一方面每一个人的机会都是均等的。每个人或许有不同的优势和劣势，但是，绝对没有一个人是无一是处的。

人最大的敌人是自己，如果不能够突破自己，那么最终注定不会成功，因为在你的心里，即使是一丁点的困难，也会被你无限放大，因为你对自己缺乏信心。所以，与自卑告别吧，只有自信，才能够为你放飞成功梦想。

格兰特，今天已经是欧洲最著名的报纸的头牌记者，然而，在他刚刚走出大学工作的时候，也曾经为自己设定了障碍而难以战胜。但是，当他勇敢突破之后，后面的进程就是一片坦途了。

当时，格兰特刚刚从大学毕业，进入了一家地区报纸做记者，他第一次被委以重任去采访一个十分著名的企业家威尔逊先生。接到重要任务的格兰特当时心中苦恼极了，丝毫没有被重用的欣喜，因为在他看来，自己仅仅是一个初出茅庐的毛头小子，而自己的报纸又仅仅是一家地区性质的小报，对方却是十分著名的大人物，怎样才能够约到对方呢？他会接受自己的访问吗？

当他的上司拉斯先生知道他的烦恼之后，便来到了他的身边，告诉他："不要被自己设定的障碍阻挡住了你前进的道路，你现在的状况就好比是被关在一间没有上锁的黑屋子里面，虽然外面阳光明媚，但是，如果你不敢推开门，那么你只能被黑暗所淹没。"

拉斯先生顺手拿起了格兰特的电话，询问了威尔逊先生的电话之后，他就拨了出去，很快，对面就有了应答，是威尔逊先生的助理。"您好，我是《商业导报》的记者格兰特，我想对威尔逊先生做一个专访，不知道可否帮我转接给他？"拉斯先生一边和对方讲话，一边冲着格兰特微笑，十分轻松。那表情轻松得让格兰特不可思议。

与威尔逊先生的几句交谈之后，威尔逊先生就给出了答复："好的，那明天下午两点半，我会准时赴约的。"

"你看，就是这么简单，你只需要将你的想法讲出来就好了。记住，明天下午两点半，不要迟到哦！"格兰特目瞪口呆地看着这一切的发生，点了点头。

今天的格兰特，已经成为世界级大报纸的王牌记者，当谈到他能够取得成功的原因的时候，他总是对这件事情念念不忘，他昔日的上司的一个举动，让他知道了：很多时候，困难只是自己为自己设置的。"也就是从那个时候开始，我懂得了做事可以单刀直入，这是最有效率的一种方式。很多时候，一个人之所以感到处处受困，其实那障碍正是你自己为自己设置的。"突破这样的障碍十分简单，就是像格兰特说的那样，单刀直入即可，那些看似不可战胜的困难，很多的时候只是一个纸老虎，要想打败他，你只需要迈出一步，伸出一指，轻轻地一戳，然后困难就应声而倒了。

可以说，自卑是一个人身上最大的缺点，因为自卑而产生各种各样负面影响，胆怯、懦弱、自闭等等，都会让你的人生陷入泥潭，也让一个人的能力和潜能完全封闭起来，最终被自己内心所打败。

事实上，人的能力没有绝对的强弱。通常能力普通但是信心充足的人取得的成就要超过一个能力很强但是信心不足的人。充满信心，可以让你的能力充分发挥；没有信心，即使你有再强的能力，也无法运用。一旦你对自己有了正面、恰当的评价，你的力量就会聚集，帮助你实现理想。

2. 懦弱自卑的标签效应

有时候，人的某些特质不是天生的，而是别人给你添加的。当你对某件事情有百分之百的信心时，它最终就会变成事实；当别人夸你一件事情做得好，那今后你也会越做越好。相反，如果别人时常批评你这做得不对，那做得不对，那你就会变得胆小，懦弱，不敢再去尝试。如果长期经受这样的负面批评，那你就会变得越来越自卑。这就是心理学所说的"标签效应"。

在第二次世界大战期间，美国前线兵力不足，战事频频告急。为了缓解兵源不足的现状，美国政府决定特批一些监狱里的犯人，让他们上前线作战。为了了解这些特殊士兵的心理状况，政府还特地聘请了一批心理专家，随军进行战前动员和战时心理分析。

在上前线之前，心理专家并没有对这些士兵进行过多的说教，而是采取了一个特殊的办法：让他们每周给自己最爱的人写一封信，汇报自己在狱中的表现。但是，这封信的内容却不是犯人自己写的，而是由心理学家统一拟定。信中主要叙述了犯人如何在狱中表现良好，如何改过自新等，犯人们根据摹本抄好，然后寄给自己最爱的人。

三个月后，这批犯人士兵正式投入前线。这次，他们给自己最爱的人的信中，主要叙述了自己在战场上如何奋勇杀敌，如何听从指挥的内容。没想到，这些信竟然发挥了预言的作用，这些特殊的士兵真的如他们信中所说，个个奋勇杀敌，跟正规军比都毫不逊色。

这个案例说的是一种心理暗示作用，也就是心理学上的"标签效应"，也被称为"罗森塔尔效应"，它向我们揭示了标签的重要性。

同样的道理，如果我们对一个孩子表达喜欢，对他很好，总是夸他聪明，他就很容易表现得很聪明，成绩变得很优异。如果我们老是对着孩子吼"笨蛋""猪头"等，时间长了孩子可能就会真的成为父母所说的"笨蛋""猪头"。

标签效应似乎左右着人们的成长。积极的标签将给人带去积极的作用，消极的标签则给人带去的是消极的作用。当我们说一个人很差劲，那么这个人长久被这种标签影响之后，也定会成长为卑怯的人，无数次的潜移默化之后，他就给自己贴上了"懦弱自卑"的标签。

时下有句很流行的话："说你行你就行，不行也行；说你不行就不行，行也不行。"一个人能否成为一个有自信的人，脱离不开后天成长环境的复杂影响。在种种影响因素中，社会评价和心理暗示的作用最为关键。

行动成功国际教育集团董事长李践就曾在一次演讲中，讲过这样一件事情。

李践小时候家庭条件很不好，父亲常年不在家，李践因此性格有些自卑，在他八岁的时候，因为一件小事，离家出走，准备像三毛那样去流浪。结果，钱花完了，他沦落成一个小乞丐。

有一天晚上，小李践无处可去，准备在昆明火车站过夜。没想到，火车站里有两个比他大的流浪儿，看见李践又瘦又小，就趁李践睡着的时候，用点燃的烟头烫他的脚心。剧痛之下，李践立刻清醒了过来。等李践弄明白发生的事后，非常生气，立刻起身去追赶那两个坏小孩，一直追到了火车站广场的角落。

这时，他才发现两个小乞丐不见了，取而代之的是二十多个大乞丐，还有一个乞丐头子。两个小乞丐竟然找来了帮手！那个乞丐头子轻蔑地看着李践说："咱们做个游戏吧，你管我们叫爷爷，如果声音够大，我们就放你走；如果声音不够大，你每叫一次，我们就打你一次。"走投无路之下，李践用稚嫩的声音，大声叫了声"爷爷！"

没想到，话音未落，李践脸上就挨了重重的一巴掌。最终，他被那一伙乞丐打了100多个巴掌，脸都肿得不成样子。虽然，后来李践被父亲带回了家，但这次受辱的经历，却使原本就不自信的他变得更加阴郁。即使回到学校以后，李践也经常觉得自己低人一等，学习成绩也一落千丈，更别提跟别的同学交往了。

从这个案例中，我们可以发现：一个人如果给自己贴上"自卑怯懦"的标签，他就特别容易遭受挫折，因为他心里摆脱不去这个阴影，他会觉得自己就是比别人差的，因为这种心理暗示，最后他真的就比别人差。

在儿童时代，孩子的标签一般是大人给贴上的，但在成人的世界里，标签往往是自己给自己贴上的。一个人可能真的很笨，但是如果他表现给别人的感觉是聪明的，他被贴上了聪明的标签，那么没有人会在乎这个人原本的样子，这个道理和戈夫曼所说的"戏剧拟论"是一个道理。也就是说，一个人聪不聪明根本不重要，漂不漂亮根本不重要，重要的是别人是不是已经给你贴上了这样的标签，当你被贴上这样的标签以后，你就被认为是这样的人了。

曾经有个学生，很想成为舞蹈演员，她不确定自己是否有能力可以成为演员，于是去见团长。她问团长："我是否可以成为舞蹈演员？"团长让女孩跳了一曲舞蹈之后，告诉她，她并没有舞蹈天分，还是另谋出路吧！之后，女孩伤心地放弃了舞蹈，毕业后结婚生子，过着很普通的生活。

多年以后，她去看演出的时候，碰见了当年的团长，她想知道为什么团长说她没有天分。团长说他只是随口一说，并没有很认真地看她跳舞，并且他对很多人都是那样说的。女孩特别伤心，她认为是团长毁掉了自己的梦想，她原本可以成为有优秀的舞蹈演员。团长却说了一句意味深长的话："如果你真的想成为一名舞蹈演员，不管我说合适不合适，你依然会继续努力的。"

瞧，一样的话，不同的心理。如果女孩不接受团长的话，并加倍努力，那结果可能会完全不同。所以说，标签是别人给贴的，也可以是自己贴的。我们也不能一味盲从别人对我们贴下的标签，我们更应该珍视我们心中的愿望，珍惜自己内心想要贴给自己的标签。

不管是好的标签还是坏的标签，我们都要理性看待，若别人给你贴下坏的标签，这时你要少些对自己的指责，多给自己鼓励和肯定。若是别人给你贴上了好的标签，那么就要更加勉励自己，不负别人的赞美。

3. 孤僻性格，阻碍社交

一般情况下，如果一个人拥有豁达、自信、开朗的性格，他取得成功的可能性就比较高，因为他不会因为一次的失利就从此一蹶不振。相反，无论遇到多大的挫折，他都能淡然一笑，重新振作起来。迟早有一次，他会站上成功的巅峰。

但是，如果一个人不豁达，不自信，更不与人交往，一味地把自己包裹起来，这种不健康的心态就容易诱发一些心理疾病，出现情绪抑郁、精神萎靡、寂寞忧愁、寡言少语等情况，甚至引发抑郁症。如果长期不与人交往，这种心理的不良情绪会持续累积，严重危害一个人的身心健康和社会交往。

孤僻的人对他人会怀有厌烦、戒备和鄙视的心理，他们特别爱摆出一副事不关己高高挂起的样子，即使在与他人交往的过程中，他们也会漫不经心、敷衍了事，缺少热情和活力。

孤僻性格的人比较以自我为中心，也会比一般人敏感一些。即使在常人看来很普通的事情，他们也会小题大作。尤其是当他在与别人交往，当众受到讥讽、嘲笑、侮弄或指责的时候，那他脆弱的心理就会受不了，甚至会扭曲这件事，认为别人都瞧不起自己。于是，孤僻的他们就只好闷声不响、郁郁寡欢或者恼羞成怒，与人大打出手。

当然了，他们的孤僻也会在生活或工作中影响着他们，比如完成不好一件事，那他可能就会采取逃避的处理方法，让事情变得更糟！很多人不能理解，为什么有些人会孤僻，不愿意走出自己的世界，而只愿意待在自己的世界里？

心理学家经过科学研究发现，主要原因是在幼小的时候，受到了家庭因素的影响。

其实这句话不难理解，我们经常会看到一些青少年犯罪或报复社会的一些行为，大多和家庭教育有着密不可分的联系。如果一个小孩从小就缺乏父爱母爱，或者他接受的教育都过于严厉、粗暴，无法让他得到家庭的温暖，那他们就很容易变得退缩、自卑冷漠，过分敏感、不相信任何人，最终形成孤僻的性格。如果再加上父母的粗暴对待，伙伴的欺负、嘲讽等等不良刺激，都会使儿童过早地接受烦恼、忧虑、焦虑不安这样的不良体验，会使他们产生消极的心境甚至诱发心理疾病。由此可见，家庭教育对一个人的影响其实是至关重要的。

孤僻的性格不仅不利于自身的发展，还会向周围传播负面能量。大家一定要克服这种心理障碍和社交障碍。那么，如何消除这种孤僻心理呢？专家们为我们提出了一些建议：

（1）完善个性品质。

孤僻性格是在生活环境中反复强化逐渐形成的。它不是天生的生理缺陷，而是一种心理上的障碍。更实际一些，就是个人的心态问题，要克服这个障碍就要对自己进行同样反复强化的心理锻炼，增加心理透明度，尝试打开心扉与人交往，给他人信任，关注他人的优点，完善自我，并且用心享受和体会人际交往的情意和欢乐。

（2）正视自己和他人。

孤僻的人因为把关注点总是集中在自己的身上，所以要么会偏激地认为自己哪里都好，别人都不如自己；要么就偏激地认为自己不如别人，怕被人讥讽、嘲笑、拒绝，于是把自己紧紧地包裹起来，保护着脆弱的自尊心。

这两种心理都是不能正视自己和他人的表现。孤僻者需要正确认识别人和自己，多与别人交流思想、沟通感情，享受朋友间的友谊与温暖。还要正确认识孤僻的危害，敞开闭锁的心扉，追求人生的乐趣、摆脱孤僻烦忧。

（3）丰富生活情趣。

心理学家认为，健康的生活情趣可以有效消除孤僻心理。如果能够培养一种兴趣爱好，比如写字、画画、听音乐、种花草、养宠物；或者专心钻研一门技术等等，都能够转移自己的注意力，从而促进自己与他人的思想交流，有助于建立初步的人际关系。

根据心理学上的光环效应，只要你有了专长，你就有机会做主角，而只要你做了主角，自然神采飞扬！自然会在别人眼里魅力倍增。

（4）练习与人交往的技巧。

多参加一些健康开放的社交活动，抱着要与任何人成为朋友的愿望，主动与人交谈，虚心听取他人意见。可以先从结交一个性格开朗的朋友做起，一次一次突破自己，在每一次交往中都会有所收获，纠正原有认识上的偏差。丰富了知识经验、获得了友谊、愉悦了身心，会重树你在大家心目中的形象。

（5）找到自己的人生追求。

正如前面所说，一个有所追求的人不会寂寞，一个为事业奋斗的人更不会孤僻。当你不得不为了自己的理想和目标去不断提升自己，突破自己时，你自然有了一个推动自己走出个人世界的动力。

4. 为自己加油打气

任何一个人在人生之中都不会一帆风顺，都会遇到艰难险阻，然而，没有自信的人面对困境就会萎缩不前，或者举手投降；自信的人则会正视困难，鼓足勇气，找到出路。通常，自信的人都会经常进行自我激励，告诉自己，我是最棒的，不管什么样的困难也不能阻挡自己前进的脚步。

人的潜能是很大的，然而，并不是每一个人都能够将自己的潜能发挥出来，自我激励就是一个很好的将潜能激发的手段。一个动物园中有一条大蟒蛇，大蟒蛇每天都要吃一大盘肉，饲养员看惯了蟒蛇的凶猛，忽然有一天想看一看蟒蛇是如何吃活物的，于是便将一只公鸡投入蟒蛇的笼子里面。

公鸡在面临这样的灭顶之灾的时候也吓坏了，但是在笼子之中也没有别的办法，只能够拼命一搏。于是，公鸡在笼子里面拼命地飞，然后伺机用它的尖嘴去啄蟒蛇，大蟒蛇也被这原本以为是美食的公鸡突然攻击得不知所措，反而没有了招架之力。几十分钟以后，公鸡不但没有葬身在蟒蛇的肚子里面，反而将蟒蛇啄死了。

公鸡与蟒蛇的对决，本来是实力悬殊的，但是，这只公鸡居然将蟒蛇打败，正是因为这退无可退的状况反而让公鸡的潜能被激发出来，拼死一搏，最终获得了生还的机会。

公鸡如此，人也是一样，人的潜能甚至会更大，然而，需要的同样是适当的契机让你的潜能爆发。在生死存亡的时候，人往往能爆发出惊人的能量。一位年轻的母亲，看到自己的孩子从四五层楼跌落下来，能够迅速地跑过去将孩子接住，而这个距离是她正常状况之下怎么也不能够完成的。这也是因为紧急的状况让她的潜能得到了爆发。

上面所说的状况，人的潜能都是在被动的状况之下爆发的，而通过人的自我激励，能够让你的潜能更加主动地爆发出来。心理学家通过研究发现，一个人如果每天对着镜子说十遍："我是最棒的！"那么他获得成功的几率会大大地增强。其本质的原因就是因为这样的自我激励和自我暗示，让自己的信心得到了大幅度的提升，于是在面临生活中的难题的时候，他们便不会那么容易被打败，具有更强的韧劲，以及更加开阔的思维。

在通用公司的一场招聘面试中，一个年轻人自信地坐在面试官的面前，他希望能够应聘成为通用公司的会计，然而面试官在面试快要结束的时候告诉他，这个位置十分重要，而且竞争的人也十分多，公司希望能够找到更有经验的人，然而年轻人却说："所谓经验，未必就是时间的累积，竞争的激烈对我来说没有任何的问题，因为我相信我自己能够胜任这个职位。"他还告诉面试官，为了准备这次面试，他每天都对着镜子告诉自己，"我是最棒的，我一定能够获得这个职位，并且希望通过自己的努力，最终成为通用公司的领导者。"

面试官被这个年轻人的热情和自我激励的精神所打动，最终录用了这个年轻人，并且他告诉别人："我今天录用了一个希望成为通用汽车董事长的年轻人。"这个年轻人就是罗杰·史密斯。没错，就在1981年，他成为了通用汽车公司的董事长。

一个自卑的人，是注定难以成功的，所以，如果你梦想要获得人生的成功，那么首先要做到的就是与自卑作别，让你的人生不被自己打败。

在现实生活中，如果有人带着蔑视的语气问你："你算老几？"你应当怎么回击这种蔑视呢？如果你渴望成功的话，你应当断然告诉对方："我是最棒的，我当然是老大！"这样的话语能够让你人生的勇气不断加强。无论你最重是否真正成为第一，但是这样的自我暗示，能够在你的心里种下信心的种子，能够激励你不断强大。

5. 拒绝自卑，为梦想照进现实扫清障碍

自卑的人，总是看到自己身上的缺点，而忽视了自己的优点，总是认为自己的能力不如别人，严重低估自己。自卑是一种严

重的心理障碍，通常来说，典型的自卑者的状态就是对自己的能力低估，并且伴随着胆怯、不安、内向、封闭、忧郁等状态出现。

自卑对于一个人的成功可以说有着毁灭性的打击，因为他们总是将自己的地位想象得很卑微，甚至看不到自己的丝毫闪光之处。自卑的人也会有梦想，然而他们的梦想被他们用自卑封闭在一个狭小的空间里面，自卑的人的梦想是难以照进现实的，这也让他们常常错失本已经到手的机会。

1951 年，英国科学家富兰克林通过对自己拍摄的 DNA 的 X 射线衍射照片的观察，提出了 DNA 的双螺旋结构的结论，并且就此发表了一些列的报告，还包括一次专门的报告会。然而，初生的理论一定会被别人否定和攻击，这样的状况之下，富兰克林的自卑心理起了作用，他开始怀疑自己的发现，最后放弃了自己提出的假说。

然而，仅仅两年之后后，霍森和克里克也通过对 X 光衍射照片的观察，发现了 DNA 的分子结构，再次提出了双螺旋结构的结论。正是这一理论的提出，让生物学进入了一个崭新的时代，具有划时代的意义，1962 年，他们就是凭借这一理论获得了诺贝尔医学奖。

此时的富兰克林或许正悔恨到不能原谅自己。如果不是因为他的自卑心理，让他无法坚持自己的学说，他就不会放弃继续研究，那么他将是这项具有划时代意义的理论的发现者。

作为一个科学家，有这样的一项理论的提出，可以说是至高无上的荣誉，然而，因为自卑心理，让富兰克林放弃了本已经唾手可得的机会。

所有的自卑者，总是认为自己能力不如人，在任何一方面都找不到自己的优点，因此对于任何事情也没有兴趣，不愿意尝试。长此以往，心里被焦虑、失落、烦恼所淹没，面对困难只能顾影自怜，丝毫没有战胜困难的勇气。这样的人，在任何时代，在任何地方，都不会有任何的成功，最终，只能够失意收场。

事实上，任何一个人都会有一定的自卑心理，关键在于如何面对，是让自卑心理左右你的行动和思维，掩盖优点，还是巧妙地化自卑为动力，去努力改善你的缺点。这二者将产生完全不同的行为模式，也会带来完全不同的两种结果。自卑的心理也是能够克服的，可以尝试一下以下方法。

（1）发泄法。通常自卑的人都不愿意对外敞开自己的心扉，他们大多性格内向，不愿交流，总是躲在人群的角落。这样的方式只会让自卑的心理更加严重。因此，一定要找到合适的途径来排泄自己心中的抑郁，而且，这种心理排泄越是彻底就越能获得更好的效果。

（2）内心审视法。通常自卑的人都容易受到别人看法的影响，而忽视了自己对自己的认知。所以他们特别期待来自他人的赞扬和鼓励；而别人给予他们的批评则是毁灭性的。所以，要克服自卑的心理，就要学会用自己的思维来审视自己的行为，而不是被别人的看法所左右。

（3）自我激励法。自我激励可以让自己更多地看到自己的优点和长处，而不是将关注点过多地集中在自己的缺点上。自我激励法就是要让自己感受到自己的强势，从而改变过去总是低估自己能力的状况。

（4）多下功夫。古人有云："勤能补拙。"那些成功人士，我们在看到他们成功的光环的时候，往往忽略了背后辛勤的汗水。同时，我们也要铭记，有志者事竟成，在遇到困难的时候，锲而不舍，用不懈的努力来战胜困难。

（5）扬长避短。每个人都有其自身的长处和短处，自信的人并不是没有弱点，而是他们能够正视他们的弱点，从而让自己的弱点得以规避或者弥补，而尽可能地让自己的优势发挥；而自卑者则总是陷于自己的缺点中不可自拔。所以，克服自卑心理很重要的一点就是做到扬长避短。

（6）打开心扉。自卑者大多内向、封闭，他们不愿意与人交流，这也使得他们陷入了为自己打造的封闭的包围之中。他们通常看不起自己，觉得别人也看不起自己，因此失去了与人正常交流的勇气，选择了自我孤立。所以，自卑者要走出自己的世界，主动地将自己展示给别人。

人性中是有弱点的，自卑也是人性的弱点之一，甚至每一个人身上都有。但是每个人会有不同的处理方式，有些人被自卑心理所绑架，最终让自己的人生充满失败。而有些人则通过各种方式来克服这种自卑心理，最终形成正面的性格。

第三篇

他人不变，你可以变

第1章

与身边的人融洽相处，生活
才会舒服自在

1. 爱的第一堂课是学会与人为善

有修养的人，明白怎么样获取自己希望得到的东西，同时不会损害到别人的权益。有句话如是说：心灵美丽才是真正的美丽。因此，人的性格中最具魅力的地方便是具备一颗善心。心地善良的人或许可以取得意料之外的成功。

一天下午，雪下得非常大，王杰驾驶着车子正前行在回家的路途中。

他觉得特别伤心及难过，之所以会有这样的感觉是由于还未收到聘书，回到家后不知道如何与老婆说。圣诞节将至，老婆又要生孩子了——他急需钱。

由于雪特别大，一个女士的汽车在路上坏了，她在路边站立着，希望王杰可以提供帮助。王杰瞧了瞧她的车，小声道："稍等一下，我能够帮您弄好。"说完，他就钻到了女士的汽车底下进行维修。没过多久，王杰站起来跟女士说："可以了，小姐，您的车子修好了。"女士瞧见，王杰为了修车而弄得身上到处都脏兮兮的。

"非常感谢你，为了将车修好，我在这里站了许久，唯独你停下车帮助我，你真有善心。"说完，她拿出一张钞票递给王杰，说："这是一点心意，希望你能收下。"王杰帮女士合上了车子

84

的后备箱，高兴地说："区区小事，哪能要钱呢？您现在就走吧。假如您真的想感谢我，那便去帮助那些渴望得到帮助的人吧，拜拜。"王杰说完，即驾驶着汽车走了。

女士驾驶着汽车上了路，走了一会儿，由于站在路边的时间实在太长了，她瞧见路旁有家很小的茶馆。便打算停下车喝杯茶取取暖再走。女士把车停好走进了茶馆，一个美丽的女服务员满脸笑脸地迎接了她，为她拿来了一杯冒着热气的茶，这令她觉得相当地温暖。"今天碰到如此多的好人。"她觉得特别欣慰，不经意看到女服务员隆起的肚子，她明白，孩子应该有八九个月了。

把茶喝完，妇女掏出100元钱叫女服务员到前台找零钱。当女服务员拿着零钱返回来时，女士却不在了，突然见到茶桌上便笺纸上有这样一句话："姑娘，多出的钱就给你留做小费吧，希望你及你的宝宝都有好运气。"看着便笺，女服员的眼中刹时充满了泪水。

女服务员下班回到家里后，得知老公仍旧未被录用，便主动地吻了他一下，安慰道："亲爱的，我工作的第一天就收获了80块的额外报酬，我真是太幸运了。老公，我爱你。"王杰觉得心里非常温暖。

善良的举动有时可以收获意料之外的结果，甚至某些时候大家都没有办法发现。威廉·沃兹涯斯曾说："一个好人生命中最珍贵的那一部分，就是他微小、默默无闻、不为人知的、发自仁慈与爱的善行。"因此，当别人站在你的面前时，不管在你眼前的是一个身无分文的乞丐，抑或是一个拥有百万家产的富豪；也不管他是个不明世事的小孩，抑或是走入暮年的老人，你都应抱着一颗善良的心去对待他们。予人一个微笑，抑或帮人一点小忙……也许你的成功就躲在这些善良的举动中。

当一位好人吧！助人者，人助之。你帮助了别人，自然也应该得到别人的帮助。当然，也存在好心被当成驴肝肺的时候，可那总是意外。而且，那样的人，不能代表所有人。莫因一叶障目，错过了更美的春天。你总能遇到和你一样善良美好之人。相信因你的善举，可以令四周变得更为和谐，充满阳光。由于你不求回报的善举，可以感动你身边的人，你会被笑脸所包围，如此，你还会不成功吗？

2. 你不能要求世界上每个人都喜欢你

世界上各种各样的人实在是太多了，就算我们再怎么改变也不可能让每个人都喜欢。

美国前任国务卿鲍威尔这样总结自己为人处世之道："你不可能同时得到所有人的喜欢。"

无论你怎么做人做事，总是有人欣赏你，让所有人喜欢根本是件不可能的事，想让所有人讨厌也不那么容易。对于别人的批评，要虚心听取，有则改之，无则加勉，但没有必要影响自己的心情；对于看不惯你的人，如果他发现了你的缺点，应该勇于改正，如果是误会，应该解释，解释不清，就不去解释，不妨敬而远之。

你的时间有限、精力有限，用来潜心学习还不够，哪里来那么多工夫去向每一个对你有看法的人解释误会呢？把事情做好的方法有很多，但首要的一条就是"不要试图把所有的事情都做好"；处理人际关系的准则也有很多，但最重要的一条是："不要试图让所有人都喜欢你。"因为这不可能，也没必要。

我们要和形形色色的人打交道，和彼此喜欢的人之间的交流自然会愉快和顺畅，但是谁也避免不了和不喜欢的人打交道。有的时候对方是一个苛刻的上级，一个倔强的同事，一个不服从管理的下属，一个难伺候的客户，或者是一个难以沟通的医生或快递员，但是我们不能因为不喜欢这个人就放弃了做该做的事。与其抱着让所有人都喜欢自己的不切实际的幻想，倒不如学会如何和不喜欢自己的人打交道。

虽然取悦别人能够让人们对自己产生好感，但是有时太顾及别人对自己的看法却往往会付出更大的代价。当了解这个道理之后，我们说话做事就能够更大方、更自然。当我们受到了很多的冷遇甚至人身攻击的时候，当确定已经无法引起面前之人的好感的时候，不妨本着对事不对人的态度，为了事情能圆满地解决而更真实地表达我们自己的情绪。

当你气得烦闷到不行的时候，你必须告诉他你的感受，不然他不会意识到，也不会去理睬你的。如果有人惹恼了你，你不要先急着生气动怒，告诉他你的感受，但避免去指责对方。你可以问对方问题，以澄清观点，比如："你想要表达的意思是什么呢？我不太理解，请你在给我解释一下好吗？"用友善的方式积极的态度去处理问题，这样你会得到意想不到的效果。

不要默默地自己揣测别人的想法，要开口问。猜测只会让事情越来越糟糕，累积太久可能爆发得更严重，要及时去处理。问问题的方式要采用开放式，询问他人的感觉与看法。避免用复选式题目引导或限制对方的答案。

开放性问题是一些不能那么轻易地只用一个简单的"是"、"不是"或者其他一个简单的词或数字来回答的问题。开放性问题会请当事人对有关事情做进一步的描述，并把他们自己的注意力转向所描述过的那件事比较具体的某个方面。

举个例子来说，在问问题的时候不要问这样的问题："你到底同不同意我的这个计划？"而是要去尝试着问："对于这个计划你有什么看法或者建议？"换种方式会带来更好的效果，避免他人处于尴尬的境地，何乐而不为呢？

保持冷静和谦和非常重要。当发生争论时，不要对他人进行人身攻击，而是以客观、具有公正性的有关准则做为讨论的依据，如法则手册、协议书、政策档案或其他类似的工具。那些不理智的行为只会害了你自己，拿别人的错误来惩罚自己不值得。爱惜自己，就应选择正确的方式。

只有理智冷静地去看待问题才能把事情处理好，但这也是不容易做到的事情。无论何时，都要保持冷静与谦和，这样往往能使事情免于恶化。不要等到事情闹到不可收拾的地步，才想着怎样去解决，那时已经来不及了。

保持冷静和谦和非常重要，在显露你极高的自身修养的同时，也是解决问题的必要之途。如果在谈话过程中，别人的言行使自己已经无法接受，或者严重到即将爆发的边缘，你可以试着停下来，然后告诉对方自己正在以冷静公平的态度和对方在交谈，然后请求他先自己去冷静一下，再继续交谈下去。

己所不欲，勿施于人，只有自己做到了冷静谦和，才有资格去要求别人。总之，时刻保持自我冷静与谦和的态度行为，对于处理日益繁杂的人际关系会起到意想不到的效果。

对人真诚与和善。能够以对待朋友的态度对待你的敌人，才是拥有最大影响力与能力的人。但这并不表示你就要懦弱。保持警觉，但为人也要保持谦和。

抱怨并没有什么作用，因为不管怎样你也还是免不了去请教那些难相处的人或是寻求协助。如果我们能在交流的时候体现出自己的真诚和友善，虽然这并不能改变对方的个性，但对方会更容易产生合作的态度，这就会对我们要达成的目标产生积极的作用。

其实人大多数都是较好相处的，也就是少数人比较难相处。不要让他们影响你的生活。对于一些人际交往中的不愉快，不妨一笑置之，承认它存在的合理性，把注意力放在生活中更如意的地方上，比如，可以把你的精力投注在朋友与家人身上，专注于合作性高的同事与令人愉悦的客户。这样就会将负面时间的影响力减至最低。

不要使难以相处的人成为你生命中的乌云，迷乱了自己的方向。脚踏实地，活得干净，活得真诚，活得自在和坦然。坚持自我的本分，真真实实地做好自己。

3. 对人际交往感到焦虑和羞怯是正常现象

在平时的社交场合中，有些人似乎生来就喜欢与人交流并很享受这个过程，而有些人却特别地害羞，不爱说话，显得安静和沉默。这确实是性格使然，但是随着岁数的增长，社会会让每个人都逐渐变得比过去更加外向和善于交际，这是每个人都不得不适应社会的结果。

其实不管是内向的人还是外向的人，每个人在特定的社交场合都会感到焦虑和不自然。比如一个在篮球场上性格非常张扬的男孩很可能为了第一次和女孩的约会而焦虑紧张；一个平时和朋友有说有笑的年轻教师第一次要等上讲台面对学生的时候也会心脏砰砰直跳；一个工作了几年业绩突出的职员要向比他高出几个级别的区域总裁汇报工作的时候，他的呼吸也一定是急促的。

其实这些都是很正常的现象。人们的恐惧来源于陌生。一个全新的东西总是让人充满了各种猜想，但是随着人们不断地重复体验这样的场合，就会重新建立起新的经验，久而久之就能够习惯成自然。

不过有些人似乎对新事物的恐惧就有些过了，他们执着于自己的心理感受，从而把这些焦虑和恐惧不断放大，最终放弃了尝试和适应，患上了所谓的"社交恐惧症"。其实，社交恐惧症主要还是出现在青少年身上，这些人的特点就是知识学习了一大堆，但是实践方面却是空白，他们的经验得不到事实的检验，所以会体会到更多的恐惧，而当他们过于关注这些情绪不舒适的时候，就忽视了对身边实实在在的人际交往的关注。于是有些人就陷入了怀疑—害怕—不敢行动的恶性循环。但是殊不知，只要他们开始迈出第一步，这一切的症状都会随着时间而消失。

有很多方法能够缓解我们的社交焦虑，最重要的就是树立起社交方面的自信。过于担心的人往往有着过于活跃的欲念，也许只是没有察觉到罢了。他们往往内心深处希望自己说出的每一句话都能让人交口称赞，或者希望每一次约会都能成为一次浪漫的故事，要么就是希望自己的每一次演讲都能够精彩绝伦，成为一个与众不同的个人秀。但是这些愿望对一个从来没有开始过第一次的人显然是不切实际的。

如果能够意识到自己在这些方面只是个生手，不大可能做到完美之后，就可以给自己制定出切合实际的目标，这样自己就会轻松很多。

比如，在第一次约会之前，我们可以只要求自己准时出现，然后与对方在工作和学习方面进行交流，而不要设想一次谈话就能讲到各自的心里去。这虽然不难做到，但是第一次只要做到了这些，就是彼此熟络的开始，更深的话题可以在以后的三到五次约会中再涉及。

在第一次演讲之前，我们可以允许自己大体上完成内容的报告就可以，其中说错或者停顿个三五次都是正常的，这样就能远离自己一上来就做个演讲高手的压力。

和上司汇报的时候，我们可以不奢求上司会非常喜欢自己，只要做到实事求是地礼貌作答就可以了。当然也不必把"上司如果不满意以后就肯定会给我小鞋穿"这样的过于夸张的设想来吓唬自己，通常这也并不切合实际。

只要我们活在世上一天，我们就要随时准备面对很多的新问题，而在面对他们的同时，恐惧和焦虑总是会伴随着出现，又随着我们对生活的重新适应而消失。而只要我们在不断地面对，不断地适应，我们就会体会到越来越多的自信，因为建立在行动上的自信必然是真正的自信。

所以不要因为不敢直视对方的眼光就放弃一次约会，不要因为一着急就脸红就放弃一次面谈，也不要因为心脏会砰砰跳就把成功的机会让给别人。只要我们敢于去面对，就会发现这些都是不难克服的。

唯一应付恐惧的方法就是去面对它。唯一能使自己感觉好的办法就是去做自己害怕的事。一个内向的人可以通过系统地训练而变成一个善于交际的人，一个演说家或一个谈判者也都不是天生就对此在行，我们今天的焦虑和羞怯跟别人并没有什么两样，只要相信通过不断地努力我们就会变得越来越适应，那么这些小小的困难就都没有什么可怕。

当我们渐渐伸出我们的触角，探究这不舒适的世界，我们会发现它是那么美好，并不是我们之前想象的那样难以接受，那么可怕。

4. 如何应对难以相处的人

人际交往中的摩擦是不可避免的，我们的好心未必都会有好报。

即使你做得再完美无缺、也没有招惹其他人，仍然会有人看不惯你，诋毁你。对于那些心胸狭隘的人来说，你不招惹他，不表明你就没事了，你在某些方面比他优秀，这就已经招惹他了。世界上确实有不少这样的人存在，你越是帮助他，努力地想处理好他和你之间的关系，他就越是不把你放在眼里，反而会越来越瞧不起你，如果你做出成绩了，他就会更加气急败坏。这是每个人的修为决定的。

在工作生活中难免会遇到不好相处的人，与难相处的人共事首先要了解，这种人是不会在乎你的感受的。这种人做什么事就只会想到自己。你不过就像他们身旁不起眼的玩具罢了，只有当你防碍到他们的时候，或是他们需要利用你时，才会特别注意到你的存在。不要过多地在意他们的言行，你也不必难过自己的付出，因为他们真的不会在乎。

当我们遇到这些自私自利、不按套路出牌的人，首先我们要明白的是，不要试图去改变你身边那些难以相处的人，因为每个人的品性都是岁月积淀的结果，难于在短时期内改变。

但是请注意一件事，正因为这些人不太可能改变他们自己，如果我们能够了解他们的行为模式，那么就会很轻易地预测出他们的下一步棋。虽然我们无法寄望他们改变多少，但是当我们面对他们的时候，可以做好充分的准备。

以下总结了几种难以相处的人的特征：

沉默懒惰型：这种人比较机械化和冷漠，对于你所说的事情都会以简洁词语回应，然后在你离开后就将你对他说的事情抛之脑后。等到事情没有被及时处理，明明该他承担责任，他也显得无动于衷。

优柔寡断型：这种人谨慎过头，除非保证没有半分危险性，否则不会作出决定，这种人往往在决策重大问题时显得犹疑不决，不能高效地处理问题。在危险临近时很可能不顾道义而把别人当作挡箭牌。

敌视攻击型：这种人总是会把自己树立在真理的最高点，总是对有违自己想法的人抱有敌视的心态，刻薄、强势、自我中心、有些偏激，非常记仇，基本上可以算作是睚眦必报。如果你很不小心地做了一件违背他意愿的小事，接下来就准备承受他的怒火吧。

消极抱怨型：这种人总是喜欢抱怨，却从来不会去真正解决问题和实干。他们遇事逃得远远的，为了推卸责任甚至不惜编造事实进行诬蔑。

满口否定型：这种人无论遇到什么事情，都会先提出反对意见，无论你做的事情是否正确，他都会有一万种观点来提出否定的意见。

许愿承诺型：这种人通常会承认你的所有观点，或者承诺很多事情，但是你以为这些都会实现就错了，其实他们只是表面上肯定你，但真正的认同却是不可能的，因为他们从不兑现自己的诺言，你所寄托的希望都将白费。

自高自大型：这种人很有些自以为是，他们认为自己已经了解了世界的真谛。他们会强势地把自己的观点塞给你，并且在你面前夸夸其谈，他们很可能使你觉得自己像个白痴，而他们自己是个圣人。

面对以上这些类型的人，既然不能够去改变他们，那么就本着两个基本原则去对待他们：一，尽量不和他们发生冲突，二，坚决保护自己的利益。

对于沉默懒惰型的人，我们可以拜托更可靠的人做事，或者自己来完成。对于优柔寡断型的人，我们可以不让他参与决策，明确他所参与的部分只是在领导之下的。对于敌视攻击性的人，我们不要和他有过多的交集，如果必须交往，遇到吃亏的地方也不要去计较，免得日后麻烦。对于消极抱怨型的人，也要少让他们参与重要的事情。对于满口否定和自高自大型的人，不要试图和他们讨论，只传达消息就可以了。对于许愿承诺的人，则不要把他们说的话当真，免得自己白白高兴一场。

要应对难相处的人你有两种选择：一是不顾一切，决定咬牙切齿、拼个你死我活；二是改变你自己的态度，以正面积极的态度，共创双赢。在拟定策略之前，先确认你要的结果到底是什么，要想着事情会往好的方面发展，而不是一味想着事情负面的部分，或是你有多讨厌这个人。

有一位将军说过："只要这世界上还有两个人，战争是不可避免的。"为什么人不能和平相处？这是利害关系在作祟。有利害就有冲突。当你遇到一些难以相处的人时，是把过失都推给别人，还是想办法解决问题？

生活中，总会有一些难以相处的人出现在我们的身边，让生活出现不和谐的一面。这些人中，更多是我们的同事、我们的孩子、我们的朋友、我们的父母，或在某种情况下不得不与之相处的人。这些人的共性是都能让我们怒火中烧。不过，在我们满腔怒火准备爆发时，我们首先需要审视下自己，或许就是这一次审视，避免了事件的恶化。

伊莲在一家著名的化妆品公司工作，待遇非常好。按理说，伊莲应该很高兴才对。但是伊莲却一直郁郁寡欢。父亲问女儿是不是工作压力太大了。伊莲回答："公司的同事太难相处了，长期下去，我会疯掉的。"

听了女儿的话，父亲沉默了一会儿，然后说道："你觉得同事很难相处，可能的确有同事方面的原因，但是，你也要在自己身上找原因。也就是，你要首先认识你自己。"

你自己是一个什么样的人，你自己的性格、价值观是怎样的？把这些写下来。然后考虑，这样的一个你，面对那些你觉得难以相处的人的时候，你希望自己作出什么样的反应？

在重新认识自己，用双向的思维考虑问题后，你会发现，情况并没有你想象的那么糟糕。

5. 不要首先对人产生敌对情绪

"你可以选择你的朋友，却不能选择你的家人。"这是美国著名作家、幽默大师马克·吐温曾经说过的一句话。

工作中，你可以选择什么职位，可以选择何种做事方式，但是你却选择不了自己的同事。我们唯一能做的就是好好地完成自己的工作，尽快地适应工作的环境，不要和同事产生敌对情绪，因为这将不利于我们融入这个集体。

有时候陷入彼此的敌对是个很无聊也是个很危险的游戏，无聊是因为它耗费了你宝贵的精力，危险是因为你可能因为头脑发昏而做出蠢事。工作和生活中真正烦扰人的事情，往往就是一些人际关系中的琐事。有时候虽然它们显得不值一提，但是却实实在在地影响着当事人的心情。那么遇到这些不可避免的麻烦的时候，我们应该怎样应对呢？

我们的应对态度始终都需要保持得体，并应该主动赞赏对方的成就，鼓励他们朝自己规划的方向去发展。用自己的真诚态度去改变他们对你的敌对状态。不要树敌，反而要协助对方提升自我价值感与自信，如此方可成功地化解忌妒的心结。解开这个心结你就会发现对方可能就会把你当成朋友来对待。

当然，要求公平与凭良心做事，有时候对对方而言是不管用的，所以我们就有必要小心地将对方在何时、对谁、做了什么事，记录并且保存下来。保留下来证据非常有必要，当你觉得对方必须要受到约束的时候你就得把它拿出来当作证据让你的上司来处理。

工作中经常会遇到竞争的场面，但是无论如何，要保持谦和有礼的态度，即使对方不能同等对待我们，我们也要尽可能地使双方都做到对事不对人，例如："嘿！智伟，我知道我们两个都很想获得那份工作。但是，我只是想让你知道，公事归公事，不管我们之中谁获选，我希望都不要影响私人的交谊。因为我无意成为你的敌人。"

不要在公司和你的同事产生敌对，避免对你的同事做人身攻击，这只会使事情每况愈下。绝对不要说："你总是这个样子，和你这种人一起工作根本是不可能的事！"比较好的方式是说："老包，我得坦白和你说，我对你最近处理强生的案子有些意见。更明确地说……"先将人与事分开，再就事情本身直接讨论。分清人和事，对事不对人。

人和人之间难免会有磕磕碰碰，同事之间关系恶化对己对人都大大不利。冲突不可避免，但是解决得好就不会搅了你一天的工作，也不会给你带来难以忍受的压抑。关键在于如何采取一些措施使你工作环境不那么压抑。

第一，抱怨具体。如果有什么意见，提出的时候一定要具体。

第二，远离冲突。尽量不要卷入他人的冲突当中，特别是不要卷入那些与你无关或者没你责任的冲突中。

第三，就事论事。不要把出现的问题看成是"我跟你"之间的事情，相反要当做"我们跟问题"之间的事情。这样就会避免事情最后演变成纯粹的人身攻击。

第四，耐心倾听。学会倾听别人的观点并对听到的给予反馈。

如果真的和同事的关系恶化到不可救药的时候，还是得寻求别人的协助和解。这个时候不是要找出谁对谁错。

如果你有一个善解人意的老板，也许可以请他出面协助你们两位解决这个问题，或者是你可以采取主动，建议对方也许调到别的单位或部门工作会比较快乐一点。但千万不要把场面弄得像是非要摊牌不可。一山不容二虎！不是他死就是我活！这只是一种情绪发泄。我们应该站在对方利益的角度，提出解决的方案。让对方感觉到你是在为他着想，而不是为自己的事情担忧，只有这样才能处理好事情。消除偏见，互相包容、互相谅解、互相支持、互相协助，要抱着与人为善的态度，即便是别人的错误，也要持宽容的态度。这样，你就会有一个和谐的人际环境了。

千万不要忽视敌意、愤怒对自己的危害，从现在开始就重视它。如果一个人不重视积极地消除敌对情绪，那么他仍旧会遇事遇人处处暴跳如雷。

第2章

学会与上司相处

1. 与上司沟通的三大原则

每个人的先天条件也许会有所差异，但是每个人却都不可避免地经历一些转变，比如从学生身份到职场新人的转变，走入社会的职场新人，是继续大学时代我行我素的自我标榜"个性范"，是继续游走在院系学生会、各大文艺活动中八面玲珑、高调张扬的处事风格，抑或是迈入传说中的复杂职场，学会"夹起尾巴"做人的自我封闭呢？职场新人该修炼怎样的职场性格才能游刃有余地在职场中游走？资深职场专家结合职场新人初入职场时的性格表现，教你修炼职场达人必备的性格，为职场处事加分。

作为职场新人，不能每天无所事事。作为职场新人，我们需要学习的东西有很多。有些职场新人进入职场后，表现得极为不合群，上班是悄无声息地来，下班是了无声息地走，每天如同空气般的存在，渐渐地，同事也会忽略这类职场人的存在，以至于这类职场新人将来需要协同其他部门开展一项任务时，因获得的支持较少，困难重重。本来，新人刚入职场，利用中午吃饭时间和同事们聊聊天、吃吃饭熟络起来，可以帮助新人快速地融入大团体。周末或假日同事们搞的小范围的聚会活动，一起吃饭、唱歌什么的，职场新人不要以不熟络为由拒绝参与，唯有主动和大家交流才能获得更多同事的了解。

97

　　每一个初入职场的人都会面临陌生的环境，如何调整好自己的心态，快速地适应环境是关键，除了周围同事主动邀请你加入他们的讨论外，职场新人也要在适当的时候展现出自己渴望加入同事活动的兴趣，做个合群的职场人。

　　在职场，每个人都有自己的上司，或许他的职位并不高，但他手中的权力却直接地影响到你的各项利益，因此，与上司建立良好的人际关系将对你有百利而无一害。良好的人际关系往往是建立在良好的沟通之上的，那么，怎么样才能与上司良好地沟通呢？如果你对此无从下手的话，不妨遵照以下的几个原则：

　　（1）要懂得与人沟通。

　　善于与同事沟通，与领导沟通，良好的交流与沟通是人们建立信任的有效手段，是解决一切矛盾的前题。如何让领导对你刮目相看呢？那就需要你的智慧了。百分之八十的交谈成功与否，在于沟通能力问题，而不在于话题本身。说到这里，你就会想到诸葛亮三寸不烂之舌能说服吴国抗曹，尽管当时吴国上下都不看好吴蜀两国能战胜曹军。可见，优秀的沟通技巧是多么重要。

　　（2）要学会展示真实的自己。

　　一个人活在真实当中是最轻松、最快乐的，我就是我，优点也好，缺点也罢，可完全表露，毫不掩饰，这样更有利于让大家了解你、帮助你，扬长避短，很快得到全面提高。展现自己也要有一个限度，爱说是好事，但是太爱说就有点嘴巴长了。人家会为之恶心。自我的世界，也要贴近需要和环境。脱离了语境和对象，你的表达也许就失去了生命力，也因此会招致别人的误会。在人才济济的公司中，让自己脱颖而出，绝不是一件简单的事情，事实上，所谓真实的自己，也不过是因地制宜，扬长避短之后的自我。

　　（3）要知道相聚是缘的道理。

　　要珍惜你从业的单位和相识的同事，茫茫人海，你们相聚、相处、在同一个单位里工作、学习、进步，这就是缘分，尤其是你的第一份工作！那么你要想快乐、轻松、有成绩的工作，你就必须做到透明和阳光。相聚是缘，不要把自己的一切卖给工作。要知道，人脉和经验才是工作的最主要收获。而工作之外，还有更多的东西值得你去拥有和珍惜。为了一点蝇头小利，就把友谊搞坏，不必要，也不值得。

（4）不多疑、不计较，多看别人的优点。

不要反复思考每句话，也不要以为领导偶尔对你发怒了或者同事偶尔的不待见你就是自己不好，更不要计较太多。每个人有再多的缺点也会有一些优点，在工作和为人处世中，我们要尽量放大优点，如果能找到自己的闪光点，那就要努力绽放出来。光芒之下，遮掩你的缺点。尽善尽美的人是没有的，但一无是处的人也是不存在的。任何人都没自卑的必要，勇敢秀出自己。你会发现舞台很大，你也不是丑小鸭。于是，很多事情都好像变得简单了。

（5）需要有较强的合作意识。

现在的工作，越来越离不开与别人的合作，形成和建立良好的合作意识和习惯，不仅可以事半功倍，而且还可以让自己从别人那里学到很多有用的东西，使自己通过合作得到快乐和长进。较强的合作意识，一方面展现了你的学习态度，另一方面让你了解同事的行事风格和处世技巧。这些都是千金难买的宝贵经验。

人与人的沟通从来都是件复杂的事情，即使是亲人之间也可能因为沟通不良，而造成各种各样的误会。上司是你的领导，你要接受他的管理和指挥，你的升迁和薪水等各项利益都与他有千丝万缕的联系。因此，你与上司之间的良好沟通对你的工作是非常有帮助的。上面的三大原则具有很高的指导价值，但我们要认识到，光凭这些原则还远远不够，在实际运用中还需要我们的灵活运用以及见机行事。

2. 职场受气包，打好翻身战

前辈们通常告诫职场菜鸟们：初入职场，切莫太狂！于是，新人们即刻收敛起自己的锋芒，变得低眉顺眼，有求必应，乖顺如一只小绵羊。这样一来，许多新人便不可避免地沦为了职场受气包。不过这只是最初的局面。一段时间后，有的人一如既往地做着受气包；有的人却早已迅速晋升为职场精英。之所以会有这么大的区别，是因为他们的反击意识不同：有的人心思敏锐，把握住了那些天赐的机遇；而有的人则后知后觉，忽略了那些有用的信息。

（1）关于老板那些异想天开的提议。

老板是公司的最高决策者，这点对每一个员工来说都无可厚非。可是这并不代表老板就是绝对成熟的，他们的性格中同样有天真的一面，一样会有心血来潮的时候。这时候他们就会提出许多不切实际的建议，许多员工私下里对这些提议嗤之以鼻，唯恐避之而不及，这样一来，就把有利晋升的好机会也浪费掉了。

新人周娜就遇见了一个想象力丰富的老板，他时常会在心血来潮时提出许多不具有可行性的建议，然后要求员工们去搞调查、做方案。许多资深员工一看到这个局面就头疼，然后想尽办法逃避责任，实在推不掉，就虚与委蛇。反正老板的建议不具有可行性，即便是做好了策划工作也是费力不讨好。所以没有人重视老板这些注定要流产的提议。

初入职场时，周娜并不了解老板的脾性。不过当老板提出一个异想天开的提议时，周娜还是意识到了这个方案有多么不靠谱：不管是从外在条件还是资金准备上来讲，该方案都没有可行性。所以当老板询问有谁愿意对他的想法做个策划方案时，会场里鸦雀无声。老板无法，就让行政主管找个合适的人选。而此时周娜正是一只刚进公司的菜鸟，是典型的职场受气包，几乎所有大家不愿意做的事情都会落在她的头上。所以，行政主管即刻点将，指派周娜来做这项工作。

一般来说，接到这项任务的人都会马虎应对，随随便便做个表格交差。可是周娜却没有这样做。虽然明知方案不具有可行性，她还是认真做了许多市场调查，并制作了精美的图片解说图，并提出了自己的许多见解。当这份体大思精的策划方案送到老板手上时，周娜感觉老板的眼睛变得闪亮了起来。虽然他没有大肆表扬周娜，可是周娜知道，自己的努力有了收效。

几个月后，策划部主管被总部调回，老板钦点周娜填补空缺。公司上下一片哗然，不明白老板为什么独独青睐于一个缺乏经验的受气包。只有周娜知道，是老板那个异想天开的提议帮了自己。在别人都对他的方案嗤之以鼻的时候，自己却表现得那么重视，并且努力展示出了自己的策划能力，自然迅速赢得了老板的好感……

（2）关于那些欺负你的前辈。

新人们刚进职场时，总会被指派给一个或几个前辈。有的人运气好，遇见热心师傅，会毫无保留地分享自己的经验。不过大多数人都没这么走运。俗话说"教会徒弟，饿死师傅"，很多时候，师傅们都不是省油的灯。他们总是恨不得把所有的事都推给新人去做，做砸了，就把责任全部推过来；做出成绩，他们总是第一个邀功。于是许多新人都在不知不觉中变成了可悲的炮灰。刚毕业的方舟就遭遇到了这种情况：

新进公司的方舟被指派给了一男一女两位前辈来"调教"。这两位前辈看上去十分可亲，平时对方舟十分客气。可是每次上级分配下了什么任务，他们就变得"毫不手软"，几乎全部推给方舟去做，然后对他稍事指点，实质性的事物却从不插手。

最后，男师傅让方舟把做好的成果发给他，说要整理一下。隔天在老板那看见做好的样板，内容丝毫未变，署名处却变成了男女师傅的名字，而方舟的名字，被挤到了最后。

　　于是方舟开始积极思考应对策略。他本想下次直接把成果交给老板，但这样必定会得罪两位前辈，自己一介新人，不可以这么嚣张。于是他开始尝试另一种反击办法：给自己挑错儿。他先把自己做过的几个方案收集起来，然后仔细推敲，把那些不够全面和准确的地方找出来，进行进一步的调查和评估，然后汇集成册，捎带着提了一下自己做方案时总体思路，然后发到了老板邮箱里，再跑去向两位前辈道歉，说自己做方案时不够细心，出现了不少错误。两位前辈立刻慌了神，询问他哪里出了问题。方舟故意夸大自己的错误，添油加醋描绘一番。因为没有亲手去做，两位师傅对具体细节并不熟悉，一时有点慌。于是开会的时候，他们就大肆地推卸责任，把问题都推到了方舟身上，方舟也低头认错，像极了一个活脱脱的受气包。

　　这一幕被老板看在眼里，也让他有了新的想法。通过看方舟的反馈报告，他发现这个新人思路清晰，思维严谨，应该是前期报告的主要制作人。而他也不满足于完成任务，而是进一步反思和做调查，而且态度谦逊，做事务实，是个好苗子。相比之下，另外两个"前辈"的过激表现反而显得滑稽。

　　就这样，"受气包"方舟成功获得了老板的青睐，并充分展现了自己的能力和优势。

　　（3）关于那些难以获得的信息。

　　通常来说，职场受气包们不仅要付出高强度的劳动，还常常会被动错过许多有效的职场信息，比如有些在办公室间传播的内部消息，以及单位下达的非正式公告，同事们在口头传达的时候通常会有意无意地绕过职场新人，屏蔽掉他们的知情权。

　　这让受气包们很是委屈，也颇有怨言。其实换个角度来想，没有谁有义务告知新人信息，更何况在前辈们的眼中，许多受气包本来就是什么也不懂的菜鸟，而许多许多信息没有给菜鸟知道的必要。

　　Travel 就是一只不折不扣的职场菜鸟，每当有什么内部消息，同事们总会自动绕过她。开始 Travel 觉得很恼火，因为信息的缺乏常常会直接导致她在工作中出丑出错。后来朋友建议她自己主动去问，不要期望别人主动。

Travel 觉得朋友的建议有道理，但有的同事不够友善，主动去问想必也收不到什么效果。所以 Travel 就走起了曲线救国的路线。经过一番观察，Travel 发现办公室的艾丽消息最灵通，对各部门的情况都了如指掌。而艾丽对网购尤其感兴趣。Travel 立刻投其所好，跟艾丽分享起了淘宝经验。此外 Travel 还常常帮艾丽带早餐，或者帮她准备可口的零食，两人很快熟络了起来。这时候 Travel 才开口向艾丽请教一二，并恳请艾丽以后有消息通知她一声。艾丽一口答应，此后自然是知无不言、言无不尽了。

其实在很多时候，受欺负并不一定是走霉运的象征，而是戴着面具的机会，只有心思细密、思维灵敏的人才懂得抓住时机，打一场漂亮的职场反击战。所以当你成为职场受气包的时候，先别抱怨，而是要积极备战，伺机而动，否则延误了最好的作战时机，就会变成永远的受气包。

3. 巧做事，首先要学会了解上司的心思

职场新人因阅历浅、处事经验不足犯一些错误在所难免，但新人不能"以嫩卖嫩"，仗着自己初来乍到，什么都不懂，就什么事情都拿自己是新人来做挡箭牌。一旦做错事被发现，即开始猛找借口，还不忘加上一条理由："我是新来的，所以原本不懂这样的规矩。"

对于职场新人们来说，"成长"是一个永恒的关键词。然而，看似风平浪静的职场中总有许多隐形的雷区，如果不小心踩到它们，轻则炸掉先前一段时间的努力成果，重则炸毁未来的职场前程，实在不可不慎重。

新人开始一两次说自己没经验犯了错没关系，大家都可以谅

解，但是一遇到问题就把自己的责任推得干干净净，势必引起旁人反感，也往往会因为不懂承担责任而陷入人际关系的危机中。在职场中，推卸责任的人本身就不受人尊敬，何况新人与周围的环境还没有完全磨合好，这样如何在职场中建立个人品牌？在犯错误时，建议新人多想想错的根源在哪，少以新人的身份的抱怨，懂得承担责任的新人才有可能被赋予完成重大任务的使命。

我们都知道，在职场，上司在很大程度上决定了下属的升迁和工资等实际利益，因此，与上司打好交道有百利而无一害。那么怎么样才能与上司愉快地相处呢？从实际的经验来看，能了解上司的心思是首要条件。

俗话说，人心隔肚皮。所以，要了解一个人的心思本来就不是件简单的事情，再加上，每个人的上司都是不同的，不同的人必然有不同的性情，这就使得了解上司的心思变得更加困难。虽然困难，但并非无规律可循，总的来说，身居高位的人通常都有这几方面的心理特征：

首先，上司都具有非常强的权威感。一般来说，上司由于身居高位，手中握有很大的权力，所以他们通常拥有非常强的权威感。通常情况下，这种权威感如猛禽的地盘一样是不容挑衅的。所以，每个职场人都应当牢记：绝不挑战上司的权威，不仅要记住，而且要贯彻到实际行动之中，时时尊重上司的权威，绝不做越过上司底线的事情。

其次，上司都偏爱工作能力强，能替自己分忧的下属。上司身居高位，要负责的事情非常多，因此，不可能所有的事情都亲力亲为。一般情况下，上司主要负责做出全盘的决策，然后，再将具体的任务分配给下属。因此，作为一个合格的下属，一定要能按时按质地完成上司布置的工作任务。如果你工作能力强，总是能完美地完成任务，并不时地替上司排忧解难。这样的下属哪个上司不喜欢呢？不仅喜欢，上司将会越来越倚重你，将重要的工作和任务放心地交给你，这样一来，你的职位和薪水当然也会跟着水涨船高了。

再次，上司做事喜欢从大局着手，均衡各方面的力量。许多人看到别人得到更好的机会或任务，就心生嫉妒，觉得自己不受重视。在这种时候，你应当看到，一位手握权力的上司手下必定有非常多的下属，他们为了掌控大局，均衡各方面的力量，不可能做到面面俱到，不可能关注到每个下属的情况。如果你不受重用，请一定要摆正心态，要相信是金子总会发光的，只有你有真才实干，上司总有一天会注意到你。

最后，上司往往压力大，容易产生孤独感。权利越大，责任越大。上司手中握着重大的权利，这也意味着他要承担更多的责任。长期肩负着重大的责任，他所承受的压力是非常巨大的。另外，因为上司手中握着赏罚下属的权力，所以他手下的员工不敢或是不愿与他亲近，这就导致上司常常处于一种高处不胜寒的境地，没有朋友，也没有能说知心话的人。其实，上司并非什么洪水猛兽，他跟我们一样，也就是个普通人，所以，你平时与上司相处时，大可不必过于拘谨，也不必把上司当作吃人的猛兽，远远地避开。你可以以适当的方式接近上司，与他多交流多沟通。这种行为看起来不可能，在实际中却是完全行得通的，只要你能处理得当，你不仅可以是上司眼中靠得住的员工、可靠的伙伴，甚至可以是无话不说的好朋友。

无论职场新人在学生时代多么风光，在进入职场后要学会清零，以谦卑的心态向职场前辈学习职场和所在行业的知识。因为学校里学的东西在企业里面可能会过时，这跟知识结构不匹配有关，所以作为大学生进入企业之后要不断学习，保持知识方面的更新，同时保持自己在职场上、行业里的竞争力。即使你在大学里面英语拿到专业八级，但是到了企业里面发现还是需要学习，因为在一个行业里面有很多的专业术语。职场过来人建议，职场新人在企业里面一定要让自己处在不断学习的状态，学习别人的经验、学习别人好的处事方法和态度，在知识方面要及时更新，要比较多地了解自己所处的这个行业以及所在的企业将会用到的知识。以谦卑的心态前行，职场新人才会收获更多，成长也更快。

曾有"性格决定命运"的名言警句响彻耳边，我们所谓的职场性格并不是抹杀个性或特点的代名词，并不是所谓的万能型的性格，这里所谓的职场性格旨在帮助职场新人逐渐修炼完善自己的个性，善于合作、乐于沟通、谦卑心态、认真负责的精神永远都不会过时，也是职场新人在职场前行的性格标签。

4. 与不同类型的上司要有不同的相处之道

世界上有各种类型的人，也有各种类型的上司，按个性分类的话，上司大致可以分为以下八种：沉默型、固执型、称兄道弟型、外向型、鼓励型、大声嚷嚷型、挑剔型以及笑里藏刀型。

如果你遇到沉默型的上司，那你不妨多花些时间来揣摩他的言行举止；顾名思义，固执型的上司通常个性固执，一旦他做出什么决定，旁人很难让他改变注意，所以如果你遇到这类型的上司，绝不要轻易尝试去左右他的想法或决定；称兄道弟型上司喜欢讲哥们儿义气，对下属也比较护短，但你要清楚，人都应该对自己的行为负责，如果你犯下大错，再讲义气的上司也是爱莫能助的；外向型的上司非常好相处，因为你不必去揣测他的心思，他觉得有必要说出来时，就会直言不讳；鼓励型上司心胸开阔，能容忍下属犯错误，并时常给予员工鼓励和表扬，所以与这种上司共事是件愉快的事情。

前几种上司还算较好相处的类型，真正难以应对的是后几种。大声嚷嚷型上司嘴巴不严，喜欢将属下的表现到处"广播"，如果你表现不佳，整个公司都将知道你办事不力，所以认真工作是应对这类型上司的不二之选；挑剔型的上司是非常难应对的，所以如果你不幸遇到这种上司，请首先将工作做好，并随时向他汇报工作，让他知道你的工作都是按照他的指示在进行；笑里藏刀型上司是最难应对，也是最少见的。如果你遇到这类型的上司，最佳的应对方式就是：以不变应万变，将自身的工作做好。这类型上司的心思非常难揣测，但不管怎么样，做好自己的本分总是没错的。

除了按个性，我们还可以按为人的不同来对上司进行分类：嫉妒下属型、无主见型、好色型、私心重型、好抢功劳型。

嫉妒下属型上司心胸狭窄，见不得别人比他强，更容不得下属比自己优秀，因此，当你与这种上司相处时，一定要牢记大智若愚这四个字，千万不要乱出风头，以免遭他嫉恨；无主见的上司喜欢询问下属的意见，当你遇到这种情况时，一定要先弄清楚上司想法，然后在此基础上，提出自己的看法和意见，不要贸然提出与上司截然不同的想法，以免冒犯到上司。好色的男上司是所有女职员都深恶痛绝的，如果你不幸地遇到这么个上司，一定要第一时间表明自己的立场，不要让他觉得有机可趁。同时，应注意自己的着装，不要穿过于展现女性魅力的衣服。另外，除了工作场合外，你应尽量与他减少来往。面对私心重的上司时，你在利益的问题上最好睁只眼闭着眼，只要他不过分，尽量不要与他产生冲突；好抢功劳型上司不仅喜欢抢下属的功劳，而且喜欢让员工替他背黑锅。

如果你暂时还不想换工作，那么他抢了你的功劳时，你最好忍辱负重，自认倒霉，但他让你背黑锅时，你就不能再沉默了，一定要坚定地维护自己的名声和权益。

如果以上几种类型的上司你都应付不了。那也不要急于撕破脸皮。

一般来说，即使上司与你与有矛盾，但他并非故意找茬，只是看法不同而已。在极少数情况下，上司因为私事或是本身心术不正，故意鸡蛋里挑骨头，找你的麻烦。面对这样的上司，你一定学会保护自身的利益。如果你打算离职，另谋高就，那么绝对不要急着与上司撕破脸皮，一定要先拿到介绍信之类的文件，好为以后找工作做准备,或者可以先找到合适的工作,再向上司挑明。如果情况严重,你可以收集相关的资料和证据,诉诸法律来保护自己的利益。

通常情况下,我们没有选择上司的权利,在我们的职业生涯中,我们将与不同类型的上司打交道。无论面对什么类型的上司,我们都应当保持谦虚的态度,脚踏实地地完成自己的工作。作为一名下属,你只有首先完成了自己的工作,尽到了自己的本分,才是一名合格的下属,才能在此基础上,去适应不同类型上司的处事方式。

5. 与上司友好相处

如果能与上司形成良好的互动,不仅工作能更加顺利地展开,对我们自身的发展也是极其有帮助的。那么,怎么样才能与上司友好相处呢?就前人的经验来看,我们可以从以下几方面着手:

第一,我们应当准确地把握上司的意图。如果没搞清楚上司的想法,即使你的能力再强,也不可能圆满地完成工作,达到上司的要求。把握上司的意图,说起来只有几个字,做起来却不简单,我们不仅要了解上司在公事上的意图,还要了解他的私人意图,不仅要熟悉他的行事作风,还要了解他的喜好和个性,不仅要清楚直接上司的想法,还要清楚上司的"上司"的意图。只有这样,我们才能掌握全面的情况,才知道在什么时候该说什么话,在什么时候该做什么事情,才不会因为行为举止不当而恶化与上司的关系。

第二,我们应当寻找到双方都满意的工作方式。我们与上司打交道的过程,很大程度上就是工作的过程。因此,要与上司友好相处,双方都满意的工作方式是关键。要寻找到这样的工作方式,作为下属的你一定要采取主动,而不能等着上司来迎合你的工作方式。当然,光态度主动还是远远不够的,有了态度之后,我们还要深度地了解上司，同时也要与上司多交流，让上司有机会了解和熟悉我们，这样才能不断地磨合，寻找到双方都满意的方式。

第三，选择上司偏好的交流方式。在工作过程中，与上司的交流是不可避免的，我们时常要向他报告工作进度，向他提出建议和意见，或者接受他安排的任务，这些过程都牵涉到一个关键的因素——交流方式。好的交流方式可以让双方的意图得到顺畅的传达，从而使得工作顺利地展开，而差劲的交流方式不仅可能耽误工作的进度，而且可能恶化我们与上司的关系，或者造成其他的负面影响。所谓好的交流方式很大程度上是由上司的偏好决定的，有的上司喜欢口头的交流方式，而有的可能喜欢书面的，还有的可能喜欢两者兼而有之的。总而言之，不同上司对于交流方式的偏好都不一样，因此，我们应当像变色龙一样迅速地适应过来，在适当的时候用适当的方式与上司交流。

第四，我们在摸索着与上司相处时，也不要忘记副职上司的存在。许多时候，我们不仅要面对正职的上司，还要受副职上司的管理和指挥。有些人认为副职不重要，所以态度敷衍，不把副职上司当回事。实际上，这种做法是相当不可取的。要知道，职场风云变幻，今天的副职说不定明天就升迁了，今天还春风得意之人，说不定过几天就得意不起来了。因此，作为一个下属，一定要摆正心态，一定要谦虚踏实，尊重与你共事的每一个人，无论是同事还是上级，无论是正职还是副职。在工作时，采取对事不对人的态度，无论是谁安排的工作，只要是分内的事情，绝不推卸责任，而是尽职尽责地完成好。

最后，当上司在大庭广众之下针对某件事批评你时，要想到：一样米养百样人，每个人在个性、习惯、生活经历以及个人阅历等方面都有所不同，因此在某些问题上，难免看法不同，意见相左。既然大家有缘在一起工作，就要相互理解和包容，尽量站在对方的立场上来考虑问题。上司之所以是上司，必然有他的过人之处，因此，当你与他意见相左时，不妨先反思自身，看看自己是不是有什么不足之处。即使他有不对之处，你也要采取平和的方式来处理，这不仅可以避免与上司产生冲突，也有利于问题的解决。你要虚心地听他讲完。这是尊重对方的表现。如果他批评的有不对的地方，这时，你需要冷静下来，以陈述的语气向上司表明事情的原本真相，（切记，不可带有明显的个人情绪）比如，你可以说："谢谢你在这件事上给予我的指导，但是有些问题我需要解释一下……"跟同事之间也一样，不要做好好先生，什么都是"对对对，是是是"。没有独立人格的人永远不会被别人看得起，因为你的"好好状态"意味着你不愿意接受矛盾，接受挑战。因此，当和同事发生冲突时，要敢于说出自己的想法。另外，在非正式场合也要学会表态，给予别人了解你的机会。

第 3 章

同事是对手也是伙伴，适应角色就适应了职场

1. 如何应对不同类型的同事

由于身处职场，你待得最久的地方不再是家里，而是公司的办公室；与你相处时间最多的不是你的家人或朋友，而是你的同事。在职场中，虽然你工作很努力，却有可能得不到上司的认可；虽然你准备了一份详尽的资料，却仍不能在这场谈判中胜出；虽然你想与周围的男同事建立良好的沟通，却又恼火于他们过火的玩笑……你感到沮丧，甚至开始怀疑自己的工作能力。

每个人都具有多重身份，同事也不例外，有时候他可以是你的朋友，有时候他是你的伙伴，有时候他也可能是你的竞争对手。如果你与同事相处愉快，大家都信任你，都乐于和你合作共事，甚至乐意帮助你，那么你的工作就能顺利地展开。如果你与同事交恶，大家都不喜欢你，不愿意和你合作，那你的工作也很难顺利地完成了。因此，与同事搞好关系是职场成功不可或缺的一环。

有多少种类型的人，就有多少种类型的同事。一般而言，同事可以分为以下几种：傲慢型、好胜型、死板型、急性子型、城府型、尖酸刻薄型以及口剑蜜腹型。下面我们就来看看这些类型的同事

分别有什么特点，以及该与他们相处时的应对之道。

有的同事天性好胜，什么事都要与人一较高下。与这种同事相处时，最怕就是你在他的影响下，也开始好胜起来，也想与他争一争，比一比。你应当记住，人最大的对手永远是自己而不是别人，当你深切得会到这个道理时，就会觉得逞强好胜实在没有任何实际意义，心态自然就平和起来了。

为人傲慢，自以为高人一等，我们周围总是不乏这样的人存在。如果你不幸与这样的人成为了同事，那么你可以尽量减少与他打交道的机会，如果工作上必须与他打交道，也尽量言简意赅，利索地将事情处理好，以免多生是非。有时候，同事傲慢的言行的确让人难以忍受，但你大可心胸开阔一些，没必要与他计较。

死板的同事为人较为无趣，做事循规蹈矩，凡事喜欢按规章制度来办。这种人通常是慢热型，不容易接受新事物，也不容易和别人打得一团火热。因此，与他们打交道时，你一定要耐心十足，即使他以冷脸对你，也不要计较，因为他绝不是针对你，只是个性使然而已。只要你内心真诚，时间一久，他自然而然从内心接受你，成为与你交好的同事。

城府深的人都不太好相处，因为他们的心思太难猜了，你永远不知道他内心在想什么。这种人通常智商和情商都高，绝对不会在工作问题上公然为难你，因为，这种不聪明的做法根本入不了他的眼。而且，无论他心里打的是什么主意，他在工作上还是尽心尽力的，所以你不必担心他在公事上拖你后腿。这类人又可以分为两类，一类是本身人品不错，只是习惯性地将心思内敛，还有一类人精于算计，喜欢利用别人。对方到底是哪一类，你通常很难分辨出来，因此，你不宜与这类同事深交，与他们打交道时，多留个心眼为好。

有的人天生性子急，做起事来风风火火，提起风就是雨。你还没说，他就已经着急上火了。这种人还有另外一个特点，遇事容易激动，其实心里没恶意，可情急之下，往往说话不注意，容易将话说得难听。这时候，你千万不能跟他一样激动起来，如果俩人都上火了，那事情就麻烦了。你要心平气和，他说了什么不合适的话，你也一笑置之，不往心里放，因为他只是一时口快，绝对没恶意。如果你们意见相左，你千万不要在他情绪激动时与他争辩，一定要等他平静下来，再有条有理地跟他讲事实摆道理。同时，在跟他交流时，你要注意所用的语言和态度，要心平气和，他有错的地方，也不要直接指出来。大部分情况下，一旦他冷静下来，自己到底是对是错，他自己心里也有数，所以，我们就没必要点出来了，给他留些面子为好。人都是要面子的，你今天给你留了面子。日后，他也会投桃报李，为你留面子。

尖酸刻薄的同事往往嘴上不留情，有事没事都挖苦别人几句，喜欢幸灾乐祸。其实，你完全不必将他们的话放在心上，在工作上，只要他不耽误你的时间，你都不必在意他说了些什么，当然，如果他越过了界，对你进行了人身攻击，那就另当别论了。

口蜜腹剑之人通常都是人品有问题之人，表面上为你两肋插刀，实际上背后插你一刀。跟这种人相处最重要的是要认清他的真实面目，但这一点往往是最难做到的，因为他们的掩饰功夫通常都炉火纯青。一旦搞清楚他是这样的人，你一定要打起十二分精神来应付他，不要与他走得太近，以免被他陷害。如果因为工作上的事情，不得不与他打交道，那么你行事一定要十分谨慎，尽量留下经手的各种记录和资料，以免他日后变脸陷害你。

事实上，还有一种分类，就是你喜欢的和不喜欢的。如果遇到喜欢的同事，那就好好珍惜，走到一起不容易；如果遇到不喜欢的，又能分为两种，一种是因为见解不同而交往不深，那就敬而远之；如果是人品有瑕疵，那就要客气一些，但不可深交，走得太近让你吃亏。而且，宁得罪君子，勿招惹小人。还有一句话，什么样的我，就能遇到什么样的他。日子久了，该走近的就自然走得近了，走得远的就走得越来越远，直至再无交集。

2. 当同事变成上司或下属时

在职场，职位的升降是司空见惯的情况，当这些情况发生时，许多职场人就会心生疑虑：之前相处融洽的同事突然成了上司或下属，那之前的相处之道还行得通吗？如果行不通，那又该怎么样处理双方的关系呢？如果你没有坚硬的后台做硬件，要想在竞争中取胜只有依靠自身的软件了，比如：你是否有良好的沟通能力？有没有团队精神？外交能力是否出色？是否知道编织自己的人际关系网等等。当然，你所拥有的这些软件一定要是对手所没有的，这样才能体现你的优势。然后再通过适当的途径把它们展示出来。

同事成了你的上司，无非是因为他高升了，或是因为你降职了；同事成了你的下属，可能因为他降职了，或是你高升了。这样一升一降之间，你们之间的关系和地位以及两者的心态都将发生变化，相处模式当然应当做出相应的调整。

很多时候，我们会将自己的竞争对手看作是死敌，为了成为那个令人艳羡的成功者，也许你会不择手段地排挤对手：或是拉帮结派，或在上司面前历数别人的不是，或设下一个又一个巧计使得对方"马失前蹄"，但可悲的是，处心积虑的人有时并没能成为最终的赢家，收获的只是一脸沮丧和悔恨。

从琳达到职任行政经理的第一天开始，艾米就对她十分戒备。刚就任这家外企公司驻京办事处代经理的艾米敏锐地感到：琳达的到任对自己是个威胁。于是，艾米为了保住现在的职位，自恃在公司的老资格，便经常在老板面前说琳达的坏话，有一次竟当着全体员工的面因为一点小事对琳达大发肝火。

琳达尽管心中十分生气，但很有涵养的她并没有与艾米发生正面冲突。半年后，琳达正式被公司委派做办事处经理。而艾米一气之下辞了职。

艾米的失败之处在于她并不清楚：没有老板会把一个心胸狭隘、与同事矛盾重重的人放到最重要的职位上。如果她能采取另一种更积极的方法：比如与琳达的良好沟通与协调，多多向她学习一些管理之道，注意与其他同事的交往方式，在上司面前谈及同事时，着眼于他们的长处而不是短处，那么，凭着她在公司的资历，老板又有什么理由不让她坐稳这个办事处经理的职位呢？

同事高升了，而你还在原地踏步，这难免会让你产生许多负面情绪：不甘、不满或嫉妒。你会产生这些情绪是可以理解的，但千万别将这些负面情绪带到工作之中，一定要调整好自己的心态。不管怎样，他已经升职了，这对他来说是喜事，你应该真心地恭喜他，同时，你也要调整自己与他的相处模式，他成了你的上司，你们不再是平级的关系，之前的相处模式肯定行不通，你要及早做出调整，以免让双方难堪。除此之外，你应当扪心自问：为什么升职的是他而不是我呢？我到底差在哪呢？如果你真能做到这个地步，相信不久之后，升职的好运也会降临到你的头上。

降职对任何职场中人来说，都是沉重的打击，因为这是对工作能力的否定和不认可。降职之后，原先的同事成了你的上司，你难免会觉得尴尬或是面子上抹不开。其实，一旦到了这种境地，你不妨有点破罐子破摔的精神：反正没有比这更差的情况了。这种心态可以让你安全地渡过最初的尴尬和羞耻期，但这还远远不够，接着，你要端正心态，勇于面对众人，不论是同情还是嘲笑，你都要一笑置之。同时，你应当认知到，之前的同事已经成了你的上司，之前随意的相处模式可能不再合适了，比如，以前能来的玩笑，现在就不一定能开了。

接下来，你要对你降职的原因做深入的分析，搞清楚到底是什么原因让你落入当前的境地，找到结症后，再对症下药，改变你的处境。祸兮福之所倚，有时候坏事也能变成好事，说不定降职反倒成了你人生的转折点，让你进一步认清自己，从而在职场上走得更远。

如果把降职比喻成当头一棒，那么升职无疑就是一剂强心针，能让人起死回生。升职当然是好事，但你千万别被它冲昏了头脑，一旦升职就觉得自己高人一等，开始洋洋得意起来，面对曾经的同事，也不再谦虚，而是摆起了上司的架子。给点颜色就开起了染房，这绝对不是成大事者该有的秉性。大家都是明眼人，看到你的表现，就算嘴上不说，心里也会瞧不起你。你的上司看到你的表现，也会觉得你为人轻浮，难担重任，以后就不愿再重用你。

你升职了，你原来的同事成了你的下属，这种地位的转变可能会让某些人接受不了，心生嫉妒和不甘，于是在工作上不配合你，要么消极怠工，要么跟你对着干。这些情况一旦出现，你绝对不可以采取硬碰硬的方式，因为这样做不仅会导致两败俱伤，而且还会影响工作的进度。同事在你升迁后，会有些小情绪，这是可以理解的，你要以己心度他心，给予理解，而不是斤斤计较。许多时候，同事之所以不服你的升职，是因为质疑你的能力，因此，你说什么都无济于事，只能以实际行动来告诉大家，你的升职绝对是凭能力获得的，而非凭运气或是走后门。

除了升职可能让你成为原同事的上司，同事的降级也会让你成他的是上司。降级这种事情是谁都不想发生的，所以遭受降职的同事必然大受打击。面对降职的同事，冷嘲热讽或者落井下石当然不可取，可是过于明显的同情和可怜也不合适。对于某些自尊心特别强的人来说，你的同情比讽刺更让他受不了。因此，在同事降职时，你最好不要轻易去同情他，以免弄巧成拙。你最好维持原来的态度，原来你是怎么样对待他的，现在怎么样对待即可，既不因为他降职就冷落他，也不过于同情他，这样的态度反而让他更加的自在。

不论在什么情况下都请记住：与自己的竞争对手发生正面冲突永远是最蠢的做法，往往会招致别人的看低和上司对你的负面评价。因此，选准时机运用以退为进的战术，才不失为取胜的一种策略。职场形势变化多端，每个人都会经历高峰或低谷，当你处于这两种极端状态时，一定要保持着好心态，处于高峰时，不骄傲，不自以为是，处于低谷时，不气馁，不自暴自弃。很多时候，成功人士之所以成功，很大程度上是由于他的心态比别人好，因此，只要你能时时保持好心态，即使前路坎坷，你也可以从容应对，并最终取得职场的成功。

3. 化解同事间的矛盾与冲突

有人的地方就有矛盾和冲突，有矛盾和冲突就意味着两败俱伤或者一荣一枯，或者第三条道路，也就是最好的选择，即两相融合，和谐相处。在职场这种既需要合作又需要竞争的场合，同事间的矛盾和冲突当然更容易产生了。

社会心理学研究表明，我们的确需要与他人交往，但过多的交往和过于复杂的人际关系又会引起我们的不安。这种矛盾的根源在于人的两种不同的需要。一是对交往的需要，对稳定的人际关系的需要，对他人的需要；二是对独处的需要。前者使人通过社会比较，通过观察自己和观察别人确立自我价值，产生安全感，后者则使人通过内省，通过对外来印象的自我消化，积累和整合自我。实际上，个人自由自在地表现自我，在正式的社会交往情境中是无法实现的。社会交往情境中，个人总在面临着来自多方面的评价压力，这使得自己必须虑及他人的存在；虑及自己承担的社会角色；虑及自己的言行举动对他人的影响；虑及他人对自己的期望；虑及他人的可能反应，等等。这也使得自己将注意的一大部分指向外部，而内在的如真实的自我体验，如对外部表现的自我评价等，则在很大程度上被忽略了，因而，个人便不能很好地观察自我、反省自我、评价自我。"学会孤独，学会与自己交谈，听自己说话，就这样去学会深刻。"人的机体作为一个综合性的需要系统，不仅要使自己接受的刺激总量保持最佳水准，也要保持各种刺激量之间的平衡。"和别人在一起时，我向往孤独。孤独时，我又向往看到我的同类。"对于交往，人们也需要保持最佳水平。交往过少，机体的调整方向是促使与人交往；交往过多，则又逃避他人，增加独处时间。一个乐于交往的人，也可能是爱好独处的人。不同的人，其交往需要和独处需要的强度或许有很大差异，但都需要保持二者的平衡。

矛盾和冲突一旦产生，不仅会影响到同事之间的感情，而且会影响到团队的工作效率，严重时，甚至会影响到整个团队的凝聚力。因此，你最好能将矛盾和冲突消灭于萌芽状态。许多时候，矛盾都是根源于双方的误解，因此，你要在平时与同事多沟通、多交流，在你了解对方时，也让别人有机会熟知你的个性和作风。一旦你们了解彼此，知道彼此的作风和秉性，知道彼此的底线在哪，就可以在很大程度上降低矛盾和冲突发生的概率。

俗话说，人算不如天算，无论你怎么样防患于未然，也不可能完全地杜绝矛盾和冲突。当然，如果出现矛盾和冲突，你也不必惊慌失措，或是自我谴责，你最好冷静下来，将事情前前后后地分析清楚，然后再借鉴托马斯·杰尔曼关于解决矛盾的理论来决定对策。托马斯·杰尔曼的这一理论将处理矛盾和冲突的对策归纳为五种：暴力、协作、回避、迁就和妥协。下面就让我们来看看究竟在什么样的情况下适用这几种策略。

　　所谓暴力策略是主张利用手中的权力或是其他暴力手段来解决矛盾和冲突的策略，这种策略是种治标不治本的，不能从根本上解决矛盾。通常情况下，这种策略只适用于紧急情况，或者影响到全体利益的重大事件。

　　协作策略旨在达到双赢的局面，保证双方的利益都得以实现。双赢是大家都想看到的结果，因此，大家都乐于选择这种策略。但这种策略也是有其局限性的，只有双方的意见和想法都有价值的时候，你才可以与开诚布公地与对方协商，寻找双方都满意方案。

　　回避策略要求你在冲突发生时，拍拍屁股走人。这种策略也是暂时性的方法，不能从源头解决问题。如果解决当前的问题会导致更大的问题，或者分歧太大，一时间根本不可能解决，那么你就可以采取回避策略，先不管这些矛盾和冲突，等合适的机会到来时再采取行动予以解决。

　　所谓迁就策略，实际上一种自我牺牲的策略，通过牺牲自身的利益来成全对方的利益，并最终达到消除矛盾和冲突的目的。在选择这种策略之前，你必须将事情的利弊权衡清楚，因为选择这种策略的人会给大家留下懦弱无能的形象，而这种刻板印象一旦形成，就很难消除，还会进一步影响到今后工作的开展。但某些时候，这种策略也是必不可少的，比如，当你清楚地认识到的确是你错了的时候，迁就策略就是最佳的选择。要知道，迁就策略如果运用得当，不仅能解决矛盾和冲突，而且可以为你带来谦逊的好名声。

　　妥协策略的核心思想就是：忍一时风平浪静，退一步海阔天空。它要求双方都做出让步，做出一定的牺牲，而不是偏向于哪一方。如果你与同事在非原则性的问题上产生分歧，那么妥协策略就是你最佳的选择，虽然在这种策略下，你的利益仍然受到某种程度的损害，但是你要知道，世界上根本没有十全十美的事情，在产生冲突的情况下，能保证部分的利益已经是很不错的结果了。

交往的重要性被充分认识的同时，有必要揭示与此相对立的另一重要性，即交往需要的有限性。这一属性或命题的提出或许会引人注目。我们正广泛地认识着交往的重要性，在现代社会中，人际交往既然是一种重要能力，那么人际关系也是一种重要资源。难道这种重要资源有逻辑意义的限定吗？

4. 跟同事谋求"双赢"

有人的地方就有江湖，有江湖的地方就有斗争。有斗争的地方就不得不提《孙子兵法》。很多人都知道将《孙子兵法》用在管理上，用在企业发展上，却不知道《孙子兵法》在职场上也能呼风唤雨，带来极大的辅助妙用。很多人懵懵懂懂地进入职场，然后跌跌撞撞地成长，幸运的人可以修成正果，不幸的人不知道自己为何而输。《孙子兵法》第一篇就开宗明义，告诉我们，要打仗，就要先了解形势，先考察情况。同样，当你踏入职场这个战场，你首先要做的，是记住孙子所说的，先考察形势。

职场是没有硝烟的战场，你我在办公室里不是双赢的游戏，而是胜和负的博弈。职位只有这些，资源只有这么多，非此则彼。像某些职场员工那样，因为公司内看起来气氛融洽，饭桌上的几句玩笑话便以为在职场上大家地位是平等的，大家是开诚布公的，显然这样的员工被自己给忽悠了。

确实，你可以没有害人之心，但你不应该没有防人之心。而且，每个人都有不希望被别人提及的事，每个人都有别人不能踩的地雷，如果你不知道了，就会炸得粉身碎骨。你凭什么认为你踩了别人的地雷然后别人还会善待你？恰如在职场上，你什么都没看就直接往对方那冲过去，或者你看到了表面上的地是平的，于是大摇大摆地过去，你怎么知道对方没给你埋地雷呢？在职场上，你可以不聪明，但不可以不小心。

随着社会的发展，分工越来越细，每个岗位所需要的知识和技能也越来越多，而人的精力却是有限的，因此没有人能成为全才，也没有人光凭借个人的力量就能实现企业的发展目标。企业每个目标的完成，都离不开各个部门的全力协作，也离不开每个员工的尽职尽责。因此，我们要学会与人合作，大家抱成团来完成工作目标。

在现代职场，合作不再是个人的专利了，部门之间的合作也已经成为了现代企业不可或缺的运行方式之一。与个人之间的合作相比，部门之间的合作情况要更加的复杂，因此，更容易产生合作不顺畅的情况。一旦出现这种情况，我们就需要应用到协调的手段来调解部门之间的关系。协调虽然只是两个字，实现起来却非常讲究方法，通常来说，有以下几种协调的方式：通过会议来协调、通过企业的目标来协调、由专门的部门来协调。

有人可能会觉得难以理解：同事之间不是竞争的关系吗？毕竟，各项资源都是有限的，他占了升职的机会，我就失去了这个机会，在这种情况下，还谈什么合作呢？事实上，一旦你处于职场这个错综复杂的环境，你就会发现，如果你因为担心别人抢夺你的资源或机会，而对其他人心生戒心，根本不与人合作，而是独自一人埋头奋斗，那你的职场之路就会越走越艰难，甚至可能发展到举步维艰的地步。人是群体性动物，个人的发展离不开集体，大家齐心协力时，不仅集体的目标能得以实现，身处集体之中你也将受益匪浅。你只有与大家站在一起，与大家齐头并进，才能在职场道路上越走越远，越走越顺。因此，我们的发展都离不开与人合作，但与人合作不是吃饭睡觉，仅凭本能就能做好，它的实施是需要技巧和策略的。

如果你想顺利地与人合作，那么一定要时时抱着理解和包容之心。虽然同在一个办公室，但大家来自不同的地方，有着不同的秉性，比如有人为人心直口快，心里想什么就说什么，虽然他是无心为之，可他的某些话还是让你心里不舒服。在这种情况下，你就需要心胸开阔一些，坚持理解万岁的原则，只要他的行为不涉及到原则性的问题，你大可睁只眼闭只眼，对这些细枝末节的事情一笑置之。人无完人，每个人都有优点，也有缺点，你应当多看看别人的优点，而不是盯着别人的缺点不放。人有失手，马有失蹄，每个人都有犯错的时候。因此，当别人犯错时，你要有包容的心态，绝不能抓住别人的错处不放。这样当你犯错时，别人也会投桃报李地来包容你。如果大家都能彼此理解和包容，那么整个团队的凝聚力将得到大幅度的提升。

如前面所说，顺利的合作离不开包容和理解，但光有这两者也是不够的，很多情况不是光凭这两者就可以解决的。因为毕竟是完全不同的个体，所以无论你如何地设身处地，也不可能全然地了解别人的内心想法。因此，除了理解和沟通外，你还需要学会如何沟通。我们经常说，一个懂得沟通之人必然是个懂得倾听之人，因此，许多时候，你不必多费口舌，只要静静地倾听，就能洞悉别人的内心想法。

此外，要懂得抄近路、走捷径。检验一个人对你的真心深浅，就在于当你遭遇不幸时他对你的态度了。如果在你得意的时候，围着你转个不停，那么他也许不是你真心朋友，但可能是你喜欢的朋友；只有你说话说到点子上，对人对到心坎上，才会流入心扉，让他记得你。所以，与其给同事一千个平淡的"示好"，不如一个大大的惊喜和感动。当同事遇到困难，或者心情不爽，你静静地请他吃个饭，或者喝一杯咖啡，谈谈心，打打气，他对你的好感可能比他的亲人还要好，毕竟，我们常常忽略身边的人，视他们的好为理所当然，却把陌生人的点滴之恩当成涌泉相报。既然这已经成了人性之一，也无善恶之分，那何乐而不为呢？和同事寻求双赢，就要用最小的投入，换取尽可能大的回报。

5. 主动沟通，不做职场边缘人

工作中的压力有两种，一种是工作繁重，事务繁多引起的心理压力，这种压力还可以通过自我减压放松得到调解，但是，如果是因为坐上了冷板凳没活可干，那种虚无的压力可不是一般人能够消受得起的。时间长了，这种类似冷暴力的压力可能会给你造成更严重的打击。想想在工作中，不是努力了不受重视，就是代人受过。有了不明白的问题也不能像在学校一样有老师指导，仿佛自己是公司阴暗角落里的一撮蘑菇，既得不到阳光，也没有肥料，只能自生自灭。

这是很多职场人都会遭遇的尴尬局面，早在20世纪70年代就有人发现了这一现象，并把这种现象形象的称为"蘑菇定律"。

为了避免这个尴尬的蘑菇压力，在你还没弄清自己为什么会当"蘑菇"之前，首先要弄清的是：老板为什么要让你当蘑菇？

首先，蘑菇经历可以为企业减少培训的成本，自动实现优胜劣汰。不管你是优秀的还是滥竽充数的，在进入一个新单位时的待遇都是一视同仁，从起薪到工作都不会有大的差别。如果一上来就委以重任，很可能因为用错人是公司蒙受经济损失；其次，即便是你真的很优秀，刚开始的时候，故意给你坐上几天冷板凳，也能挫挫你的傲气，消除很多不切实际的幻想，方便公司以后对你的管理。这样低成本高效益的好办法，公司干吗不用呢？

许巍是一个企业管理专业的大学毕业生。学习成绩优秀的他，在找工作时要求很高。一心想要找到一份中意的好工作。但是，投出去的简历几乎全军覆没，好不容易收到一个回复，许巍还嫌对方的"庙"太小，盛不下他这尊"大佛"。眼看着身边的同学、朋友都已经开始上班了，只有自己还在继续当"无业游民"，许巍心里也开始着急了。

没人的时候，他静下心来仔细想了想，觉得对一个刚刚走出大学校门的人来说，他的求职要求真的太高了。于是，他决定放低身价，从底层做起。

这天许巍又出去找工作，屡屡碰壁难免使他感到心灰意冷。拖着疲惫的身体走进一家新开张的连锁快餐店，边吃边在心里盘算接下来的行动。吃完饭走出快餐店的时候，许巍看见快餐店贴着的一个招聘启事。许巍决定试试看能不能获得这份工作，至少先找份工作慢慢干着，其他的以后再说。于是他找到经理，终于结束了自己的"无业游民"生涯。

起初，许巍心中总是很不甘，认为自己一个大学生做这样的工作实在是大材小用了。但是，渐渐他开始喜欢起这份工作，并从这份工作中尝到了成功的滋味。

原来，这是一家新营业的连锁店，建立之初，店里的很多管理制度都不完善。而快餐店经理自己忙着移民的事，根本无暇管理快餐店。在快餐店工作了两个月的许巍，凭着自己的专业知识，敏锐地发现快餐店的管理制度存在很多缺陷，员工没有经过正规的、专业的培训，普遍存在懒散、责任心不强、服务态度差等缺点，这严重影响了快餐店的生意。

意识到这一点的许巍马上找到经理，提出自己的见解。经理边听边点头表示认可。听完了许巍的话，经理对许巍说："你说的问题我也已经注意到了，咱们这缺少专业的管理人员也是造成这些问题的一个很重要的原因。"许巍看到经理皱眉思考，便壮着胆子主动请缨："经理，我就是学习企业管理专业的，而且我在这里已经工作了一段时间，对咱们快餐店也有一定的了解，您看看能不能把这个工作交给我来做？"经理思索了一下，点头说：
"这样，你回去写一份策划给我，我分析一下可行性，然后再决
定好吧？"

就这样，许巍回去加班加点，终于在两天之内制定了一套严
密完善的改革计划交给经理。"皇天不负苦心人"，经理认可了
这份策划，授权许巍在快餐店进行大刀阔斧的改革。许巍充分运
用所学知识，改革快餐店的管理制度，很快取得成效，快餐店的
营业额也飞快增长。许巍的能力得到了经理和同事的认可，也终
于得以摆脱了自己的"蘑菇命运"，从阴暗的角落走到了明媚的
阳光下。

所以，作为一个聪明的上班族，要想从这种职场边缘人
的压力下解脱出来，一方面要敢于当蘑菇，从中磨炼自己的
意志，另一方面也要善于总结经验，尽量缩短自己当蘑菇的
时间。

（1）刚毕业的新人选择小公司比选择大公司更容易获得机会。
职场中有一句至理名言：大公司学做人，小公司学做事。在小公
司里，员工少，成本高，老板是绝不会允许有只拿钱不干活的"蘑
菇"存在的，即使你是一个刚刚入行的新人，老板也会多多关照。
相比之下，大公司人员等级森严，新人被遗忘在基层的几率也就
大大增加了。

（2）了解自己被冷落的原因。有时候企业招聘员工并不是真
的是因为岗位空缺，而是为公司进行人才储备。等人招过来了，
才发现没有那么多的岗位来安排，如果是这样的情况，就不必担心，
等公司发现了适合你的岗位，自然就会摆脱蘑菇的命运了。还有
一种情况是老员工的排挤，尤其是在等级比较严格的企业，新人
被"蘑菇"也就很好理解了。找到自己被冷落的原因，才能对症
下药，尽早的找到阳光。

除了这些原因之外，摆脱职场蘑菇定律最关键的一点，不是

别人有没有把你当蘑菇，而是你自己有没有把自己当蘑菇。不管你的心中有多少宏韬伟略，也要从最简单的事情做起，消除不切实际的梦想，找到属于自己的真正方向，这才是面对冷压力最有力的对抗。

第四篇

改变不了处境，可以改变心境

第1章

没有绝望的处境，只有绝望的人

1. 不要为打翻的牛奶哭泣

有一个人提着一个十分精巧的罐子赶路，走着走着，一不留神，"啪"的一声，罐子摔在路边一块大石头上，顿时成了碎片。路人见了，唏嘘不已，都为这么精巧的罐子成了碎片而惋惜。可是那个摔破罐子的人，却像没这么回事一样，头也不扭一下，照旧赶他的路。

看到他的背景，过路的人都很惊讶：为什么此人如此潇洒，多么精巧的罐子啊，摔碎了多么惋惜呀！有好事的人赶上去提醒："喂，你的罐子破了，怎么看都不看一眼？"这人说："罐子已经摔碎了，何必再去留恋呢？"

实际上，这个道理虽然简单，但是却十分深刻。因为很多人都因为陷入了过去的悔恨而不能自拔，最终浪费了自己的大好时光。成功学大师卡耐基也曾经因为这样的一句谚语而受到激励，焕发振作的勇气。

卡耐基在刚刚开始创业的时候，也遭遇了很大的困难。他创办的培训机构，虽然在社会上取得了很好的反响，但是叫好不叫座，在经济利益上却没有取得很好的成就。他长达半年的努力没有获得任何的经济回报，反而常常入不敷出，这也让他的创业在一起步就面临这很大的困难。

卡耐基十分郁闷，他为自己的选择而悔恨不已，甚至开始自责，陷入精神恍惚的状态，这样的情形也大大地影响了他的事业。

　　一次，他在与他的一位老师的交流中谈到了他现在状况。老师就将这个故事讲给了卡耐基听，并且告诉卡耐基，"不要为打翻的牛奶而哭泣"，人生的未来是由当下决定的。这句话让卡耐基觉醒，如果因为过去的事情而不能做好当下，才是真正的没有了希望。于是卡耐基重新振作精神，再次上阵。

　　由此可见，在这个问题上，东方和西方是有相同的看法的。不管是牛奶也好，陶盆也好，既然已经碎了，那就无需懊悔，不要怨天尤人，也不要因此而意志消沉，心灰意冷。只有这样，才能够不被人生的挫折打败，才能够直面人生未来，也才能够最终获得人生的成功。

　　老王的儿子酷爱运动，一直央求父亲为他买一辆运动自行车。老王在儿子的多次央求之下，终于答应了他的要求。儿子十分高兴，每天都骑着他的自行车。没想到，一周之后，由于儿子将车骑回家之后，放在楼下没有锁，结果等到他想起来的时候，再下楼去看，自行车已经丢了。虽然老王知道了之后，没有责怪儿子，但是儿子依然十分懊恼，自责不已。一周之后，儿子跟父亲说："爸爸，都是我不好，居然停车没有上锁，车子丢了，我真是犯了巨大的错误……"儿子并不是因为自行车丢了而郁闷了一周，其实更多的是他自责于自己的错误。

　　父亲听了之后，跟儿子说："一辆自行车，已经丢了，找回来的可能性也不大了，你因此而一周时间都心情抑郁，但是于事无补。所以，还是将这件事情忘记吧，从中吸取经验即可。"

　　父亲在随后又为儿子买了一辆新车。从这以后，儿子再也不会忘记停车上锁了，那辆车一直骑到了现在。

　　过去的事情，已经过去了，无论怎么悔恨或者自责，都不能改变已经发生的事情，但是如果我们能够利用这些失误产生一些积极的效果，那么这样的失误也就不那么重要了。鸡蛋既然已经掉在了地上，不管你是对着鸡蛋壳盯上半天，或者自己痛苦一整天，鸡蛋也不可能再还原了。毛泽东曾经写过这样两句诗歌：牢骚太盛防肠断，风物长宜放眼量。从字面意思来看，劝告悲伤不宜过度，万物美好，你低眉垂泪的时候，也许有一朵花儿绽放，有鸟儿在哺育自己的孩子，有一个雷锋式的好人做了一件好事。

而沉溺于悲伤不能自拔，就会引起一系列的连锁反应，比如自暴自弃。行为学家曾经做过一个实验，他们在鱼缸中放入一个玻璃板。一边放上鳄鱼，一边放入小鱼，这些小鱼是鳄鱼最喜欢的食物。一开始的时候，鳄鱼凶猛地攻击对面的小鱼，但是总是被玻璃挡开，在多次的尝试之后，鳄鱼沉溺在悲伤中，对自己的能力产生了怀疑，最终放弃了努力。在这个时候，如果你将其中的玻璃板拿开，即使那些小鱼在鳄鱼的嘴边游来游去，鳄鱼也不会攻击这些小鱼。如果一直不给它食物，即使鳄鱼饿死，都不会尝试去攻击那些小鱼。

或许我们会嘲笑鳄鱼何其蠢笨，只需要再多试一次，就不会活活饿死了。然而，它被自己曾经的失败打败了。它输给了懦弱的自己。在人类的世界中，有多少人，因为绝望，也和那鳄鱼一样，为打翻的牛奶赔上未来的快乐。

不要悲伤，相信吧，忧郁的日子终将过去。我们说，化悲伤为力量，实则很难。如果能为悲伤止血，不为所扰，那就万幸了。至于力量，也是在痛定思痛之时。

所以，那还不如一挥手，"那就这样吧"。然后用积极的心态去面对此后的人生。如果将这样的失误总是放在心上，一直耿耿于怀，将自己的痛苦不断地放大，那么最终只会造成更大的损失。如果因为一瓶牛奶的打碎让你失去更多，那不是更糟糕吗？

2. 失败是堂必修课

如果有些人的年少时光是用早晨七八点钟的太阳来形容的话，

那有些人的学生时代更适合用中午十二点钟的太阳来形容。他们是学生时代的风云人物，如日中天的年少轻狂，但是，正午时候的太阳虽热烈却短暂，从离开学校的那一刻起，他们最辉煌的时代就已经过去了。就像《伤仲永》中描写的少年一样，从少年的"神童"走到最后的"泯然众人"，任由一腔才华付之流水，着实让人痛心。

其实，生活中像仲永一样的少年又岂是少数？回想一下，你当年读书时候，班里那些成绩一流的老师宠儿现在在做什么？他们可能当上了工程师、律师、医生；那些成绩二流的人又在做什么呢？他们可能已经当上了那些工程师、律师、医生的老板。这句话虽然不是绝对的，确是我们在现实中经常看到的现象。就像有人总结的那样："成绩一流的打工，成绩二流的当老板"，往往那些在学生时代叱咤风云的人物在走上社会后往往却并不出众。这到底是为什么呢？

答案很简单，一个重要的理由就是：他们错过了一堂关于失败的人生必修课。

那些成绩一流的同学一路走过来顺风顺水，被老师家长哄得太多、宠得太多，没有机会体会到失败的滋味，以至于忽略了挫折带来的内心重建，而那些成绩二三流和不入流的同学却在一路的摸爬滚打中学会了自己站立。当学历和五道杠有一天都离你而去，那些失败给你的经验才是人生最值得好好珍藏的财富，才是能让你重新站立起来的资本。

在这堂失败的必修课上，究竟隐藏着什么样的奋斗力量呢？

（1）如果你错过一个春天，就耐心等待第二个春天。

有一则流传在日本的故事：阿呆和阿土两个人，都是老实巴交的渔民，也都梦想成为大富翁。有一天，阿呆做了个梦，梦里有人告诉他对岸的岛上有座寺，寺里有 49 棵朱槿，其中开红花的一株下埋着一坛黄金。于是阿呆便满心欢喜地驾船去了对岸的小岛。

岛上果然有寺，也确实有49棵朱槿。但此时已是秋天，阿呆便住了下来，等待着明年春暖花开的那一天。

果然，肃杀的隆冬一过，49颗朱槿花都迎风怒放了，唯一令人泄气的是这些花都是清一色的淡黄，并没有梦里出现的开红花的那一株，庙里的僧人也告诉他从未见过哪棵朱槿开红花。听到这个消息，阿呆垂头丧气地驾船回到了村庄。

后来，阿土知道了这件事，就用几文钱向阿呆买下了这个梦。阿土也去了那个小岛，找到了那座寺，住下来等候花开。第二天春天，朱槿花又迎风怒放，寺里一片灿烂。奇迹发生了：果然有一侏朱槿开出美丽绝伦的红花。阿土激动地在树下挖出了一坛黄金。后来，阿土成了村里最富有的人。

据说这个故事在日本流传了近千年。我们为阿呆感到遗憾：他与成为富翁的梦想只隔一个冬天，他忘了把梦带入第二个春天，而那足以令他一世激动的红花就在第二个春天盛开了！阿土无疑是个聪明者，他相信梦想，并且等待另一个春天。我们的人生何曾不充满着梦想，那朵绝艳的朱槿花几度在你我的心灵深处摇曳，那无限风光令我们几欲揽尽，却在等待的过程中过早地放弃了。

在成功的路上，我们总是习惯于守候第一个春天，但面对第一个季节的空芜时，我们往往轻率地将第二个春天弃之于门外，将梦交归于梦。而忘了梦想之花垂青的总是那些执着追求的人。

今天，倘若给你一朵梦中的朱槿花，试问你有没有勇气坚持梦想买断第二个春天呢？

（2）随时做好放弃一切的准备。

心理学家们曾做过这样一个实验：在给小小的缝衣针穿线的时候，你越是全神贯注地努力，线越不容易穿入。于是他们给这种现象起了一个名字，叫作"目的颤抖"，即：目的性越强就越不容易成功。这种现象在生活中并不鲜见。

张师傅是一名杂技演员，用脚耍大缸已有多年，可谓驾轻就熟。因为年龄偏大，他决定改行。在告别舞台演出的那天晚上，他把亲戚、朋友都请来观看。亲戚、朋友为表心意，有的拉起标语，有的举起小旗，有的送上花篮……场面十分热烈。然而，正当人们为他精湛的技艺喝彩时，他却"失手"了：因一脚顶偏，偌大的瓷缸重重地砸在他的鼻梁上，他当场昏了过去。事后有人问他："凭你的技术，怎么会出此意外？"他说："那天，心里总是想，这是自己杂技生涯的最后一场演出，而且请那么多亲戚、朋友来捧场，一定要表演得很出色，千万不能出错。谁知表演时一走神，就出事了。"

从表面上看，张师傅的失手是偶然的，其实却有其必然性。因为人有这样一个弱点：当对某件事情过于重视时，心理就会紧张；而一紧张，往往就会出现心跳加速、精力分散、动作失调等不良反应。很多人在人生的关口失手，心理紧张与焦虑是重要原因之一。

不管你做什么事，我们都不能保证百分之百的成功。既然如此，我们何不给失败一个心理准备呢？

有一位运动员在体育大赛中多次获得乒乓球单打冠军，在一次比赛中，有乒乓球爱好者向他请教成功的秘诀，他却出人意料的说出了这样一句话："成功之前先要做好失败的准备。"他进一步解释说："在进入正式比赛前，事先承认不论怎样做，你不可避免会出现这样那样的失误，做好这样的思想准备就可以减少心理压力，从而取得比赛的成功。"他还举例说，在一次全国乒乓球大赛中，他和一位国手争夺冠亚军，国手确实厉害，一上场就先赢了他两局，但由于他在进场前就做好了失败的心理准备，所以没有慌乱，完全放开来打，挺住了，最后反倒是他战胜了国手。

所以说，成功之前先做好失败的准备，并非放弃对成功的追求，而是让我们放松心情，放下包袱，轻装上阵，如此一来反倒容易成功。

失败不是人生的低谷，而是一个厚积薄发的过程。本以为自己停滞不前，其实还是在不知不觉之中长大了。正是因为失败，才会发现人生有了更广阔的视野；正是因为失败，才会明白什么是自己想要的生活；正是因为失败，才能自己选择什么时候悠然漫步，什么时候奔跑前行。如果你曾经错过了这门课，回回头，把它找回来吧！

3. 眼泪中的秘密武器

当我们受到打击，心理上承受不了的时候，不管男人女人，最习惯做法就是忍，忍不了也要忍。找个山洞藏起来，像一只小兽一样独自舔舐自己的伤口。很多人喜欢把这种做法叫作坚强，其实我更喜欢把这个叫作自虐。在这种情况下，大声地哭出来才是最好的排解方法。有研究结果发现：流泪会减轻我们的心理压力，哭后比哭前会感觉轻松了许多，能够尽快恢复心理和生理上的平衡。到好友面前大哭一场，或者到无人的野外、大海边尽情流泪。哭过了，胸中憋着的不痛快就会随着泪水流了出去，心情也会跟着好起来。

有首歌的歌词是"男人哭吧哭吧，不是罪"。连一向用刚强来形容的男子现在都可以光明正大的哭泣，职场中备受压力的男强人，女强人们又何必强忍泪水，故作坚强呢？

林岚最近失恋了。男朋友来自北方的一个小镇，两人在大一的时候就相恋了。毕业后一起留在了这个南方城市工作，便顺理成章地租房住在了一起。两人本打算再过两年，攒够首付的钱以后就买房结婚，没想到他却半道上变了心，并从他们曾经恩爱的小窝里搬了出去。

林岚听后简直不相信自己的耳朵，她为这个男人付出了四年感情，而他竟然为了过上那所谓"想要的生活"，就这么轻易地抛弃了自己。老天仿佛在跟她开一个大大的玩笑。跟李辉分手后的几天里，她一句话也不说，不哭也不闹，就像一副没有灵魂的躯壳，每天穿梭在公司和住所之间。

周末，她不知道要去哪里好，也不知道自己要干什么，因为从前的生活里她有男友陪着。现在呢？突然之间，她发现自己在这个城市里竟然无依无靠。她孤独地蜷缩在床上昏睡了两天，脑海里像放电影一样，断断续续地闪现着以前的每一个片段。但她告诉自己：一定不要哭，一切都会好起来的。

但是，这种坚强只是暂时的。终于在一天早上，她昏昏沉沉地来到洗漱间，忽然瞥见他未带走的装着牙刷的情侣杯。终于忍不住哭起来了，泪水像断了线的珠子，稀里哗啦地往下淌。她一屁股坐在地板上，任凭自己将所有的委屈都哭了出来，直到眼泪都流干了，心里的委屈也烟消云散了。

平静下来的她，感觉到最近几天以来从未有过的舒坦，原来哭一场也能解开心里的疙瘩。她从地上爬起来，把他的刷牙杯子连同牙刷一起扔进了垃圾桶里。然后目不斜视地刷牙洗脸，仿佛没有发生任何事情一样洗漱完毕，把自己打扮地漂漂亮亮的，出门上班去了。

从心理学上来讲，流泪是情绪的自然流露。想流泪的时候，不必用理智来压抑痛苦，让自己的情绪顺其自然地发泄。不论是快乐的情绪，还是悲伤的情绪，积聚在心里都不好，通过眼泪排遣出去，可以尽快恢复平和的心态，对我们的身心都有益处。尤其是面对压力的时候，流泪会减轻心理压力，人哭泣后情绪强度一般会降低百分之四十，哭后比哭前感觉轻松，能够尽快恢复心理和生理上的平衡。

其实，悲伤也没什么大不了，如果把生活中的幸福和悲伤都折合成重量，放到天平两端。你认为，哪一边会更重一点呢？

人们经常形容幸福是梦幻、是羽毛；悲伤是黑暗，是石块，幸福的感觉让人仿佛漫步云端，而悲伤却足以让一个人坠入地狱。这是不是就说明悲伤的重量要远远大于幸福呢？但是，一个人从出生到死亡，每一个成长的阶段都会遭受到很多无法避免的悲伤和灾难，例如：亲人的死亡或离异、离开故乡和朋友、失去身体健康，甚至是理想破灭等等，都会让人感受到悲伤的重量。

正因为这些生命中的不可承受之重，当悲伤来敲门的时候，每个人的反应也不尽相同。有的人会恐惧、无助、愤怒、愧疚、紧张，还有的甚至会出现麻木、幻觉、幻想等生理现象，也正因为大部分悲伤的情绪都是令人不安的，所以人们习惯性地逃避悲伤的存在，甚至采取酗酒自残等很多极端的手段。造成的结果就是：我们越长大，越不快乐了。

就像我曾经一个朋友说的："一个人的路，走着走着，就忘了要怎样说话，于是便多了很多积蓄在心底的闷闷不乐。于是便有了一个双面的我。一面是快乐，一面是悲伤，一面在人前，一面在人后。"其实，这么纠结的命题并不只是她一个人的问题，像这样"灿烂于人前，寂寞于人后"的人还有很多很多，蜷缩在自己的世界里，独自悲伤。

罗曼·罗兰说：生命质量最高的是孩子。为什么？因为他们从来不会掩盖悲伤。一个一秒钟前还在哇哇大哭的孩子，一秒钟后可能就会破涕而笑，他们不会掩藏自己的快乐，更不会掩盖自己的悲伤，所以，他们最快乐。但是这种修复悲伤的本能却随着生命的增长一点点的消逝了，成年人的悲伤慢慢地转化成了石油，埋入地下，不再轻易显露出来，但是看不见的并不是就不存在，埋入地下的石油慢慢地形成了一座矿藏，再也不能移动了。这种重量，就是悲伤的重量。

面对人生的种种不遂，我们不能阻止悲伤的来临，就像我们不能阻止灾难发生一样。但是，当悲伤来敲门的时候，我们唯一能做的不是躲在门后不应声，等它破门而入。而是要拿起武器，勇敢打开房门，正面迎接它的挑战。而你，准备好了吗？

4. 停止抱怨，用适当的方法"表达"你的情绪

不记得在什么地方，看过一个耸人听闻的调查数据，上面说：人的生命中有五分之一的时间是在抱怨中度过的。我们暂且不说

这个结果是真是假，但确实反映了我们生活中的很多确实存在的现象：我们把太多的时间用来发牢骚，而不是用来改变现状。

不管是自身的不如意还是社会中种种的不公平，不可否认，我们生活中有很多事情值得我们大张旗鼓地抱怨一顿。

可是，你有没有想过：就算真的是幸运之神偏离了自己的轨道，抱怨又有什么用呢？它不但不会起到任何作用，反而会影响你的心情，让你失去更多。

每当宋杰下班回家后，做的第一件事就是叹气，然后向每一个身边的人断断续续地讲述自己一天的"不公平待遇"："我要疯掉了！把所有的工作让我一个人来做，难道把我当成机器人了？"皱着眉头的样子简直可以反串祥林嫂了。

其实他的处境并没有他所说的那么悲惨，宋杰在一家公司的核心部门工作。因为是创意工作，任务重，压力大。每天都是这项工作还没做完，就有另外几项工作等着他去做，整天没有一个喘气的机会。虽然公司规模很大，但是作为公司的一个策划部门，却只有三个人。而且这三个人还分了三个等级：部门经理、经理助理、普通干事。很不幸，而宋杰正好是那个经理助理，处于中间的一个级别。

宋杰总是抱怨说："经理的任务就是发号施令，他是'管理层'嘛！上面交给他的工作，他一句话就打发掉了：'宋杰，把这件事办一办！'可是我接到活之后，却不能对下属阿冰也潇洒地来一句：'你去办一办！'一来，阿冰比我年长，又是经理的'老兵'；二来，他学历低，能力有限，怎么放心把事情交给他？"宋杰只能无奈地叹息，然后把自己当三个人用，加班加点完成上级的任务。

更让他想不到的是，由于事事都是他出面，其他部门的同事渐渐认准了：只要找发展部办事，就找宋杰！甚至老总都不再向经理派任务了，往往直接就把文件扔到宋杰的桌子上。宋杰的办公桌上的文件越堆越高自不必说，而且，连阿冰都敢给他派活了。这天，阿冰把一沓发票放在他面前说："你帮我去财务报一下。"

137

宋杰顿时被噎得说不出话来，过了半晌方问："你自己为什么不去？"阿冰嗫嚅了一下答："我和财务不熟，你去比较好！"尽管心中怒火万丈，但碍于同事情面，宋杰最终还是走了这一趟。

因此，就形成这样的局面：一上班，宋杰就像陀螺一样转个不停；经理则躲在自己的办公室里打电话，美其名曰"联系客户"；而阿冰呢？玩纸牌游戏，顺便上网跟老婆谈情说爱，好不逍遥。到了年终，由于部门业绩出色，上级奖励了四万元，经理独得二万元，宋杰和阿冰各得一万元。想想自己辛劳整年，却和不劳而获的人所得一样，宋杰禁不住满心不平，但是自己又能怎么做呢？如果他也不做事了，不仅连这一万元也得不到，说不定还会下岗，想来想去，还是继续受这个"夹板气"吧！可是自己却总是在工作中身心俱疲，非常不开心。

从这个故事来看，宋杰有着十分充足的理由去抱怨，但是他却犯了一个错误，他能够把工作中的不利因素观察得如此透彻，却无法将工作做好。而要做到这一点，你必须在下决心停止抱怨的同时，对自身的责任有更高层次的认识。就算真的遇到了像宋杰这样的情况，其实事情也并不是无药可救。

那些偷懒的人固然眼前轻松，但单位领导、同事谁都不是吃素的，时间长了迟早会出事；而宋杰如果一直这样坚持的话，也许眼前会有吃亏的事情，但时间一长他的收获会比现在获得的要多得多。等哪一天，他决心跳槽的时候，孰重孰轻就自然高下立判了。

现在，我们的社会一直在倡导公平，但真正的绝对公平永远不可能达到。这不是社会的悲哀，而是社会的现实。但我们是不是就只能屈从于这种规则之下，甘心为别人做了嫁衣裳？当然不是。不管你从事的是什么职业，都没有不劳而获，只是付出的成本不一样而已，搞清楚自己所处的位置，知道自己能失去什么，不能失去什么，才是最聪明的做法。

第2章

麻烦来了，机会就来了

1. 接受痛苦，获得成长

磨难，对于弱者来说，就是一个又一个的陷阱，一旦掉进去，就再也不能够出来；对于强者来说，磨难就是一个又一个的锻炼场。经历了磨炼之后，就如同凤凰涅槃，浴火重生一般，能够让他的能力更加的强大。所以，对于强者来说，在痛苦之中的历练，如果能够从中获得一定的经验和教训，那么就是人生中的一笔珍贵的财富。

一个父亲，十分溺爱他的女儿。他总是担心女儿受伤，所以，从女儿出生以后，就处在父亲的完全保护之下，不让她下地行走，无论是哪里，都是由她抱着去。在这种无微不至的呵护之下，孩子从来没有摔过，从来没有过任何的磕磕碰碰。但是，这并不是一件好事，因为从来没有下地走过路，让女孩的双腿萎缩，比正常人的下肢细小而且没有力量。这样，女孩的一生都不能再都走路了。

尽管父亲帮助女孩避免了磕碰，但是，这样的过度溺爱，却让孩子在未来承担了不能行走的悲剧，本来想让孩子不用承担痛苦，但是却为孩子但来了更大的痛苦。

在人的一生中，痛苦是避无可避的，而且，在痛苦中的磨炼，能够让他们变得更加强大，这样的痛苦也让人生变得更有价值。

我国古代的很多例子，也都说明了一个道理，不经磨难的顺境往往不利于人的成长，例如我们熟悉的伤仲永的故事。那样的一个神童，在被众人追捧之下，因为缺少磨炼和学习，最终让他泯然众人矣。

另一个与之完全相反的例子发生在张居正身上，张居正少时被誉为天才，小小年纪就已经考取了秀才，13岁参加乡试考取举人的时候，他的文章得到了当时的主考官的大力推崇，并且当面给予张居正以极高的推崇。然而，转身之后，他却对阅卷之人说，一定要让张居正此次不能中举。周围的人都十分纳闷，你既然这么推崇这个人，又怎么会做出这样的决定呢？他说："正是因为他才学过人，未来必成大器，所以，才要让他经受一些磨难，否则一帆风顺之下，会让他因此而骄傲自满，最终毁了自己。"

这位主考官的识人能力十分厉害，张居正成为历史上最杰出的的政治家之一，他在明朝后期，克服种种艰难险阻，推行改革，同样是历经艰难，最终获得伟大的成就，这也与他少时经历的磨难大有关联。

一个人在一帆风顺中的收获，往往只是结果。然而，人的一生除了要收获结果以外，还应当有足够的体验。就像一句广告词说的那样：人生就像是一段旅程，不必在乎目的地，在乎的只是沿途的风景。只为追求结果的人生是十分可悲的。所以，面对人生的痛苦，不妨微笑面对，对于伤害我们的人或事多一些宽容，多一些感谢，不仅仅能够让我们免受痛苦，也能够让我们的人生有更大的意义。

昔日唐三藏要到西天求得真经，要经过八十一难，方能成功；在耶路撒冷，虔诚的教徒要朝圣，最崇高的礼仪也是叩拜而行。痛苦的磨炼，是取得人生成功的必然道路，通过各种磨难，能够让人的智慧不断增加。

一座庙里有一尊十分精美的佛像，很多人都到佛像前面膜拜，各种香火一直也不间断。庙门前的石阶看到了觉得十分不公平，他对着佛像抱怨说："咱们都是石头，凭什么你被供奉在那里，每天还有香火伺候，而我却只能够被踩来踩去。"佛像笑了："那时候我们在被雕刻的时候，你只挨了六刀，而我却挨了上千刀才有了今天的模样。"

人在世界上，会经历各种各样的苦难，对于懦弱的人来说，每一次困难都是一次鬼门关，对于意志坚强的人来说，困难只是一次锤炼自己的机会，即使在绝境下，他们也会精神抖擞，尽力来战胜困难。受到的磨炼不同，所以最终的成就也就不同。越是经过了深重的磨难，最终就越能够获得人生的辉煌。

2. 让压力成就人生

人无压力，也就没有了动力，这是我们在鼓励人的时候通常都会说的话，但是，现代社会，人们的压力往往很大，越是那些看起来很成功的人，他们面临的压力就越是巨大。科学家研究发现，现代职场中的人承受的高压，已经改变了他们的心理和身体状况，很多的中青年高管、企业家的身体都会呈现出亚健康状态，有近七成的人都认为自己承受了很大的压力，有两成的人几乎认为自己的压力要将自己压垮。

难道说，压力就是动力，这句话是错误的吗？其实不是，关键在于我们是如何来利用压力，如何来转化压力，如果能够有效地转化和排解压力，释放压力，那么压力就能够变成人们奋斗的动力；如果不能够很好地释放和转化压力，那么可能带来十分严重的后果。

据调查，美国每年因为员工压力过大而带来的损失高达3000亿美金，甚至让一些人的人生都出现了转折。承受了重压的人，就好像是一个充满气的气球，如果不能够很好地释放，再遇到外界压力，那么最终的结果就是一个：爆裂。对于一个人来说，也是如此。但是，很多人不明白的是，很多的压力都来源于自己。

银行里面的业务十分繁忙，柜台的工作人员一直在忙个不停，而排队的人络绎不绝，都在等着排号机叫号办理业务。如果这个时候，出现了一个人办理比较复杂的业务，或者出现了一个身体不便的人动作缓慢，就会导致队伍很长时间都不能前进。

这个时候，一些年轻人就会开始出现急躁、烦恼的情绪；需要赶时间的人虽然十分着急，但也无能为力，或许会走出银行散散心；而对于那些心胸宽广的人来说，他们或许并不认为有什么太大的问题，仅仅是更耐心的等待。

这些人之所有会出现不同的反应，是因为他么对于这样的一件事情有不同的看法。或者反感，或者回避，或者顺其自然。于是反感的人就会反倒焦躁；有些人就会走出去看看外边的人流车马，而顺其自然的人就是耐心地等待。但是，不管是反感的态度，或者是回避的做法，或者是耐心的等待，对于事情本身都没有任何的作用，事情依然会按照它本来的面目来进行。换句话说，因为这件事情带来的任何情绪影响都没有任何的意义。

压力和挫折也是相同的，我们没有办法能够完全避免压力，但是，我们要有能力来面对和承受压力，通过调整自己的心理和行为，让自己的压力得到释放，而不是伤害自己。

人生中出现一定的紧张和焦虑都是很正常的，适度的紧张反而能够让你的精神和心理得到集中，能够让你的能力得到更好的发挥。所以，很多人在一定的压力之下反而能够迸发出惊人的能量。人都是有一定的惰性的，适度的压力能够让你克服本能的惰性。如果你深受了过度的压力，那么你就需要一定的方式来调节。要想能够让压力变轻，我们可以从以下几个方法来尝试：

（1）让精神得到舒缓。

压力让你的精神高度紧张，所以，要想让压力得到缓解，可以尝试让你的精神放松，比如，常常有人采用的就是听听音乐，做做深呼吸，去操场上做一些你喜欢的运动等等，都能让自己的精神处在一种空明的状态之下，这样，让你的思维不再被外界环境所干扰。

（2）转变环境。

当环境让你烦躁，那就走出去。通常紧张或者压力都是由于固定的事件或者环境产生的，所以，让自己改变给你压力的环境，尝试去做一个远足，或者旅游，让你的心理的关注点得到一定的转移，也获得心理上的放松。

（3）认知改变。

我们常常说，换一个角度看问题就能够让你得到不一样的看法，所以，我们在感受到压力和紧张的时候，不妨改变看问题的角度，从而得到不一样的结论，也让你的压力得到放松和释放。比如，你因为工作的压力巨大，担心出错，如果你将其看作是公司给你锻炼的机会，是你成长的契机，或许压力就会变轻很多。

（4）情绪分散法。

在心情不好，或者压力大的时候，如果能够找到合适的人来倾诉，那么你压抑的心情就能够得到缓解。我们通常都说，压力如果能够得到分担，那么你就只用承担一半的压力。但这个人，不是容易找到的，所以，这一点也要注意。而且注意倾诉的节奏和深浅，如果频繁地倾诉苦衷，可能让别人以为你是在消极抱怨，让人对你产生厌烦；而你倾诉的话题敏感或者让对方反感，那就见好就收，以免产生误会。

人生中，遇到困难和压力是在所难免的事情，所以，在压力下成长，也是每一个人必修的一课。如果你能够让压力得到恰当的转换，那么相信在你人生的道路上，压力只是你成功的垫脚石。

3. 克服人生路上的恐惧

恐惧是人类的一种本能性情绪，在面对未知的状况，或者自己不可战胜的状况下，人都会觉得恐惧。然而，很多时候，我们内心中的恐惧是自己加给自己的，换句话说，我们是为了一些不需要恐惧的事情而恐惧的。其实，当你真的了解恐惧的对象之后，你会发现，很多时候恐惧都只是自己在吓自己，只要你能够克服心理障碍，就发现你的恐惧其实毫无必要。

有一个美国人马克，做出了一个疯狂的决定。他放弃了他的安逸生活，将身上仅剩的几块美金送给了街边的乞丐，只带着一套内衣，决定从加州出发，横穿整个美国，沿途只依靠搭便车，到达美国东海岸的恐怖岛。

这个疯狂的决定，来自于他偶然的一次深思。在一天紧张的工作结束之后，他问自己，如果明天世界毁灭，我会因为没有享受生活而后悔吗？他的答案毫不犹豫，一定会的，一直以来，在别人看来，他拥有着幸福的一切，有美满的家庭，有很光鲜的工作，有光明的前途，但唯独没有用自己内心来体验过自己想要的生活。

他为自己的懦弱感到羞愧，为了找回勇气，他尝试为自己列举一张让他恐惧的清单，他很诚实，所以单子很长：小时候怕蜘蛛、怕狗、怕猫，怕蝙蝠，怕各种各样的小动物，长大以后怕失业，怕生活不幸福、怕孤独又怕热闹，怕失败，但也怕成功，似乎所有的一切都让他恐惧。他为他 37 年的懦弱而感到伤心，所以，他开始尝试一个冒险的行动，他决定克服心中的恐惧。

他的决定一说出，就得到了所有人的反对。出发之前，奶奶居然跟他说："你会受到欺负的，在路上你遇到各种困难，也没有人帮你，你要是没钱了可怎么办，还是不要去了，一想就恐怖。"但是，他没有听从奶奶的劝告。毅然上路了，一路上，他风餐露宿，不接受任何财富的馈赠，他曾经在大雨滂沱中行走，也曾睡在泥泞的睡袋中，还遇到过匪徒让他几乎丧命，也遇到过帮助他的好心人。

最终，他成功地都步行了 4000 公里的路程，沿途有将近百人给了他无私的帮助，最终到达了恐怖岛。当他从邮局中取出女友给他的提款卡的时候，他几乎激动地要跳上去拥抱邮局职员。他不是要证明金钱无用，只是要用这样的一段艰苦旅程来克服心中对于未知人生的恐惧。

　　他的最终目的地是恐怖角，而"恐怖角"的得名就好比是人们内心的恐惧一样，是人们自己吓自己的。恐怖角的得名只是一个误写，流传至今就成了恐怖岛，其实风光秀丽，平静美丽。一趟旅行下来，让马克终于明白了，恐怖角之所以让人觉得恐怖，只是人们自己在心目中制造了这样的概念而已，并非真的有让人恐惧的东西。我们在生活中的很多恐惧，也来源于这样的虚妄之中。

　　对于恐惧，人和动物有一点不同，就是动物的恐惧通常都有实实在在的对象，而人则可能会因为想象而产生恐惧，这种恐惧是人们心中主观臆想出来的。换句话说，这种恐惧出现在事件真实发生之前。

　　在心理学中，恐惧心理是人的一种正常的心理情绪，是不可避免的。恐惧的心理多与过去的经历有关，因为在过去经历了一种实实在在的恐惧，所以在日后面临一种与之相似的景象，就会油然而产生恐惧感。此外，恐惧也与一个人的性格密不可分，内向的人、不善交往的人，通常更加容易产生恐惧心理。但是，如果总是充满这恐惧，或者总是对一些本来无须恐惧的事物产生恐惧心理，这就是一种不正常的恐惧。这是一种不利的情绪，会让人的思维长期处于紧张的状态，长此以往会让人的心理和精神都备受折磨，从更大的方面来说，还会让一个人的人生发生改观。

　　所以，克服恐惧，尤其是克服那些不正常的恐惧心理就变得尤为重要。那么如何才能够战胜恐惧心理呢？心理学家通过研究，也给出了一些建议：常常询问自己，最坏的状况是什么样的？将自己内心的担忧如实地记录下来，形成文字。这个过程，实际上就是释放恐惧的过程。因为你写东西，就要进行思考；需要思考就要平复心情；而一旦心情平复了，那么恐惧感就被取而代之了。换句话说，也就是将最坏的状况作为心理底线，然后尽量去改善，做好了，最好；做不好也在意料之中，这样就能够让你的恐惧心理得到缓解。相信在这样的调节之下，恐惧能得到转移。

4. 卸下忧虑的重担

忧虑是一种担心、不安和烦恼的心理状态。这种心理状态通常是因为一些没有发生的事情，总是担心会出现最坏的结果，所以导致心中不安。比如总是觉得"我工作出问题了怎么办？""我的家庭不和睦怎么办？""我的孩子上不了好大学怎么办？"等等。

通常那些总是忧虑的人，他们总是为未来那些还没有发生的事情而忧心忡忡，总是担心会出现最坏的结果。不管他们做什么事，都会充满担忧的心情。其实，忧虑也就是将未来可能出现的最坏的结果放在了今天来承担，而这些结果很可能不会发生。

忧虑对人可以产生很强的打击。有一个例子，一个人被捆绑在一个黑暗的屋子里面，然后被告诉说他的动脉被割开了，他听着血液在滴滴答答地流着，心中充满着恐惧和担忧，最终死去了。等到警察发现他的时候，他身体完好无损，他的血管根本没有被割开，他的死亡是因为对于死亡的担忧而导致的。在他看来，血液流干他一定会死亡，所以他将这种没有发生的后果放在了当下。

心理学家通过大量的调查和分析，最终得出这样的一个结论，人们所有的忧虑，有四成是因为没有发生的事情，有三成是因为已经发生的事情，另外还有6%是因为一些自己无力改变的事情，只有4%的忧虑是来自于当前的事情。换句话说，绝大多数的忧虑都没有任何意义。

人的一生，就时间来说，可以分为过去、现在和未来。而人是无需为任何一段时间而烦恼，过去的，已经发生了，烦也没有；未来的事，还没有到，现在的事情，只要用心做就好了，更不需要烦恼。所以说，烦恼几乎没有任何的价值。一些的烦恼都是自己寻来的。

人活一世，很多的事情都可以自己来掌控。因为事情都在人们自己的手中来选择，比如，一个买豆子的人，即使他的生意不好，豆子没有卖掉，他可以将生下来的豆子拿去磨成豆浆，然后去卖豆浆，如果豆浆也不能得到顾客的欢迎，还可以回家做成豆腐，就算豆腐还是不好卖，大不了做成豆腐干，再大不了，就做成腐乳，总之，一切都有办法。

　　一个人之所以忧虑，很大程度上是来自于自己的心灵被束缚太甚，心态不够开放，所以总是将心思放在一些有限的范围之内。一个有忧虑的人，他的心思被这些不值得的事情占据，那就是去了关注那些真正有价值的事情，这样损失掉你的精力，也让你失去了创造真正的幸福的机会。所以，让那些莫名其妙的忧虑都见鬼去吧，这样才能够获得足够多的快乐。

　　很多人，每天浪费大量的时间和精力，去想一些无谓的问题，"我是不是生病了？""我们公司的业绩似乎越来越糟糕，我要被裁员了怎么办？""这件事情怎能这么顺利，是不是有什么事情我没有想到？""我真怕会不会出现那样的状况。"这样的一些话总是被一些人成天的念叨，虽然这些事情的发生似乎是遥遥无期的，但是他们却如同已经发生了一样在担忧。但是，你没有注意到的是，就在你担忧的时候，你的精力已经被分散，你的心思也不能够专注，或许本来应该创造的成功就这样与你擦肩而过。这对于一个人的成功是没有任何好处的。

　　王璐，刚刚和丈夫按揭买了房子，没想到，公司就因为业绩下降，要进行人员的调整，她就十分担心，自己是在这裁员名单上，如果一旦被裁员，自己怎么应付房贷。很长一段时间里面，她都精神恍惚，身体也开始出现了状况。于是，在接下来的工作中，她常常犯一些幼稚的错误，把一些重要的数据算错，给老板汇报工作也是心不在焉。好多次，她都想问老板会不会裁撤她，但还是没说出来。

　　半年之后，王璐真的接到了公司的解雇通知书，不是因为公司的业绩不好，而是因为她自己的工作失误。原来在裁员名单上根本没有她的名字，但是她由于自己陷入了忧虑之中，导致精神状态不佳，在工作中连番犯错，最终收到了公司的解雇通知。

一直担忧的事情最后真的出现了。然而此时的王璐，反而觉得心情轻松了很多，已经是最坏的结果了，也就不用在担忧更差的情况了。忧虑没有了，一周之后，她轻装上阵，获得了一份新的工作，也让她真正走出了失业的阴影。忧虑让她本来不应失去的工作失去了，而轻松则让她获得了新生。

因此，很多担忧的事情就算发生了，也不是意味着毁灭性的打击，本就不是绝境，但是你的无边的担忧却把你推向了绝境。忧虑的事情并不可怕，而忧虑的情绪却十分可怕。实际上，忧虑是一种来自内心的感受，这是一种主观上判断没有了希望的想法。人生不会是总是平坦，很多的时候也会有失败，有挫折，如果你无缘无故地为之忧虑，陷入了绝望，那么你的结果最终很有可能让你变得忧虑。所以，放下忧虑的负担，轻松生活吧。

第3章

与负能量共处，逆境是强者的学校

1. 失败只是暂时的不成功

有一位伟人曾经说过："失败只是暂时的不成功。"很多时候，失败和成功只有一张薄纸的距离，也许再坚持一秒钟，也许再向前迈一步，结果就会迥然不同。世人说世界上不存在绝对的对，也不存在绝对的错。同样，世界上没有永远的成功者，也没有永远的失败者，输得起的人才能赢得起。

许多人之所以是失败者，正是因为当他们经历失败时失去了拼搏的勇气，他们屈服于命运，不再挣扎，不再奋斗。相反，成功者之所以成功，并不是因为他们生来就站在最高峰，而是他们在向最高峰攀登的时候总是告诉自己："倒下，那就站起来，再坚持一下，成功就在眼前。"在日本有这么一位成功企业家，在经历过股市的涨涨跌跌之后，他将自己的所有积蓄一股脑投资到曼谷郊外一个备有高尔夫球场的20幢别墅里。

正当他斗志激昂地投身房地产业时，亚洲金融风暴爆发了，他投资的别墅没有卖出去一所，他向银行贷的巨额资金也无法还清。无能为力的企业家接受了这个事实，他看着自己的别墅被拍卖，看着自己的家被抵押。从未失败过的企业家失去了斗志，他开始质疑自己，他的心灵逐渐被失败充斥，曾经那个意气风发的成功企业家逐渐沦落为一个屈服于失败的可怜人。

企业家过着浑浑噩噩的生活，直到有一天，他到一家早餐店吃早餐。望着客人络绎不绝的早餐店，他的脑海中突然出现了一个词：夫人亲手制作的三明治。企业家想起了太太，想起了美味可口的三明治，想起了曾经辉煌的自己，渐渐地他醒悟过来。企业家想通了，他知道这样的日子是在浪费生命，与其抱怨失败，与其埋怨自己的无知，不如振作起来，用双手去打拼，用努力去创造辉煌。

当企业家的夫人听了企业家的点子后，她大感欣慰，她仿佛看到了过去那个意气风发的丈夫。她不仅愿意用行动来支持丈夫，更提议让丈夫带着三明治到街道上叫卖。在妻子的鼓励下，企业家下定了决心。于是，在企业家居住的附近街道上，人们时常可以看到一个胸前挂着售货箱叫卖三明治的男人。

曾经的亿万富翁，现在的三明治小贩，巨大的落差成了所有知道这个消息的消费者的茶余饭后的谈资，企业家的三明治也在无意中被大伙宣传开来。来买三明治的人越来越多，有的消费者是出于同情，有的消费者是出于好奇，有的消费者则是被三明治的美味而吸引。

渐渐地，企业家的三明治卖得越来越好，他的收入逐渐增加了，他的信心也逐渐恢复了，不久后，企业家就走出了投资失败的心理阴影。

人生难免经历失败，失败是一种不可避免的生活状态，面对失败，我们不仅不能认命、消极、怨天尤人，还要更加坚定自己的理想，用自己的双手去创造东山再起的机会。失败并不可怕，可怕的是失去拼搏的信念。人的生命只有一次，但人的拼搏之路却并非只有一条。经历失败，我们要及时振作，利用失败来磨炼自己，利用挫折来反省自己。从失败中吸取教训，从失败中总结经验，然后在下一次拼搏时多往前走一步，多挣扎一秒钟，也许我们需要面对的就不再是失败，而是成功。

有这么一个美国人，他8岁时，就被赶出了家，为了生存，他必须找到工作，用自己的双手养活自己；21岁时，他下海经商遭遇惨败；22岁时，他投身政界却没能当上议员；23岁时，再次经历商场失败；26岁时，生命中最为心爱的人离开人世；27岁时，受尽打击，静卧床第6个月；29岁时，参加国会竞选，遭遇失败；34岁时，角逐联邦众议员议员失败；36岁时，再次参选联邦众议员，再遇失败；40岁时，渴求连任众议员不得愿；41岁时，自荐担任州土地局局长，遭拒；46岁时，参选国会参议院，失败；47岁时，竞争副总统一职，失败；49岁时，参选联邦众议员，第三次失败。

这个美国人叫亚伯拉罕·林肯，52岁之前他的人生是一部活生生的挫折史，然而经过这数十年的磨炼和考验，林肯在52岁时成功成为了美国的总统。

林肯经历过无数次的失败，然而他却从未放弃，正如菲里浦斯说的："什么叫做失败？失败是到达较佳境地的第一步。"林肯所经历的种种失败不过是一次又一次的"第一步"。一次成败并不决定一辈子的成败，成功来之不易，只有经历过苦难的人才有机会收获成功。

许多人在面对失败时，一度认为自己再做过多的挣扎没有任何意义，与其浪费力气做一些没意义的事情，不如认命，接受失败的结果。这些人都是意志不坚定的人，而有坚强意志力的人来说，失败不过是一次别样的经历。

古之成大事者，大多都是经历了无穷的艰难险阻才能成功，俗话说，失败是成功之母，只有历经艰险，才能够得到成功。换句话说，失败只是暂时的不成功，遭遇失败并不意味着永远不能收获成功。当失败扑面而来时，我们要坚定自己的意志，学会乐观地面对挫折，用自己的双手去创造机会，用汗水去浇灌梦想。

2. 控制消极的情绪

人的情绪会决定人的行动，积极的情绪会令你的行动更加快捷，更加有效；消极的情绪则会让行动迟缓，甚至会让你犯下无法弥补的错误。

美国有一个父亲，酷爱汽车，一天，他的可爱的小女儿在他的新车前玩儿，不明事理的孩子用石头在车面上划了很多的划痕。

当父亲看到自己的爱车被女儿弄得面目全非的时候，气急败坏，他将女儿抓来，用铁丝绑住了女儿的双手，让她站在车前以示惩罚。当他情绪平静之后，想到要把女儿解开的时候，女儿的双手已经没有了血色，当赶到医院的时候，医生告诉这位父亲，已经太迟了，因为双手已经长时间没有血液流通，只能截肢。否则，会危及孩子的生命。就这样，可爱的小姑娘成为了一个没有双手的女孩。

父亲追悔莫及，与女儿比起来，那辆车算什么呢？可是已经无法挽回了。过了几个月，当完成重新喷漆的车子再一次开回家的时候，小姑娘单纯的问爸爸："爸爸，您看您的车就像新的一样，那您什么时候能够给我一双新手呢？"父亲终于无法忍受自己内心的自责了，他最终选择了了结自己的生命。

而这个悲剧的发生，其导火线仅仅是因为一次很小的事情，父亲没有控制自己的愤怒，由此可见，消极情绪对于一个人的行为有多么严重的影响。

人类的情绪有积极和消极两种。人类学家曾经有过研究，一个人一生的情绪中，有三分之一是处在一种不良的状态下的，也就是我们常说的消极情绪之中。而消极情绪对于一个人的伤害是很大的，心理学家就心脏病患者的调查发现，这一群体中情绪不安、暴躁的人的负面因子和发病率远远高于普通人群三倍多。如果占据我们的总是负面情绪，那么不仅仅会让我们的精神变得糟糕，更有可能会伤害我们的身体。

有心理学家曾经收集了愤怒的人所呼出的气，然后将这些气溶解与水中，再将这些水剂注射到身体正常的小白鼠身体里面。过了不久，小白鼠死了。这说明愤怒的人会产生严重影响生理健康的物质。

所以，人们对于消极情绪，要有足够的能力来控制，并且如果能够将消极情绪转变成为积极情绪那将对你的人生有莫大的好处。

昔日爱迪生在白炽灯的发明过程中，为了选出有效的最实用的灯丝材料，他带着助手做了上万次实验，但是都没发现最适合作为灯泡灯丝的材料。他的助手都失去了信心："我们的实验方向是不是错了，浪费了这么多的时间，什么结果都没有得到。"爱迪生则笑着对他的助手说："没有吗？我们有很大的成果啊，因为我们证明了上万种材料都不是我们需要的啊。"

同样的一件事情，同样的一个问题，如果用不同的出发点来看，就会有完全不一样的结果，而人的情绪也就会完全不一样。

要想消除负面情绪的影响，首先要做的就是改善自己的心理思维方式，从积极的角度来思考问题，用正面的态度来对待人生，这样，人生中就会被正面和积极所充斥。但是，消极情绪也是避无可避的，也是人们的情绪中的一种，所以，一旦出现了消极情绪，要学找到恰当的方式来排解和宣泄负面情绪。比如，在心情不好的时候，可以找一些朋友聊聊天，或者出去锻炼和运动，这样让之的关注点转移，从而让消极情绪得以释放。

巴顿将军有一天正在办公室里，他的参谋长怒气冲冲地进来，向将军诉苦，因为一个师长当面顶撞了他。巴顿将军笑着对他说："那你可以写一封信来责骂他啊，你可以让你心中的怒火完全释放出来。"

"说得对，我马上写。"参谋长马上挥臂，一蹴而就。心里面用尽了尖酸和咒骂的语言，然后他得意地拿着信让巴顿将军看。

"没错，就是这样写，让你的火气能够大大地释放。"然而，当参谋长把写好的信准备装进信封的时候，巴顿却拦住了他："你要发出去？""当然啊，不然我写来干什么？"参谋长对巴顿的问题感到十分奇怪。"别逗了，好吗？"巴顿说，"这一封信是你在盛怒之下写成的，怎么能够发出去？这封信只有一个目的，就是让你的心情好转，现在不是已经好很多了吗？那再写第二封吧。"

其实，巴顿将军让参谋长写信就是让他发泄自己的不良情绪的方式而已，只有让这种不良情绪得到释放，才能够不影响一个人的正常的行为和思想。

对于一个人来说，能够有效地控制情绪，十分重要，因此，要想自己主导你的人生，首先要学会控制你的情绪。情绪是我们对外部世界的看法的心理表现，而通常我们都说你用什么样的眼光来看世界，也就能够得到什么样的结论。所以说，那些负面情绪的由来更多的是因为我们自己内心中的消极心态。如果我们能够将我们的关注点集中在那些积极的事务上，那么我们就不会总有那么悲观的心态了。

3. 放下怨恨，慈爱是可以攻克一切的力量

陶行知是我国伟大的思想家和教育家，他曾经在育才学校任校长。有一天，他在校园里看到一名男生正在用泥块砸另一名男生。陶行知立刻叫他停止，然后告诉他放学以后到校长室去。放学后，这名男生来到了校长室的门口。等陶行知出来之后，并没有训斥这名男生，而是从衣兜里掏出一块糖来递给他，说："这块糖是我给你的奖励，因为我迟到了，你准时来了，害你等我。"男生一时反应不过来，只是下意识地接过了糖。接着，陶行知又掏出一块糖说："当我叫你住手的时候你立刻就停止了，由此看来你是一个尊重师长的学生，所以这块糖我也奖励给你。"男生又是

一愣。紧接着，陶行知又掏出第三块糖说："我已经把事情弄清楚了，你打那个男生，是因为他欺负别的学生，这就说明你很正义，也很有勇气，所以这块糖也奖给你。"男生此时已经非常感动，禁不住热泪盈眶："校长，打人是我不对，再怎么说，他也是我的同学。"陶行知又掏出第四块糖说："你已经能够认识到自己的错误了，所以理应得到奖励。"

这就是陶行知的教育方法，他没有严厉地批评，而是拿出了自己的慈爱，这使学生的心灵得到了震撼，并且能够真正地去反省，真正地愿意去改正。如果他采取的是批评，是普通的惩罚，那么一定无法收到这样的效果。

孟子曰："爱人者，人恒爱之；敬人者，人恒敬之。"一个爱别人的人，就能得到别人对他的爱；一个尊敬别人的人，就能得到别人对他的尊敬。仁者爱人，因为别人和自己其实都是一样的存在，都是这个世界的组成部分，爱别其实人就是爱我们自己。

冉·阿让是雨果的著名小说《悲惨世界》中的男主角。冉·阿让是一个孤儿。一个寒冬里冉·阿让失业了，但是他又必须抚养姐姐的七个孩子。因为没有钱买面包，孩子们都快饿死了。于是走投无路的冉·阿让便在夜里用拳头砸开一家理发铺的窗子，偷了一块面包。因为他的手被玻璃划破，留下了线索，第二天一早，警察就找到了他。冉·阿让因为盗窃罪被判了五年徒刑。然而在服刑期间他又前后越狱四次，结果徒刑被加到了十九年。当冉·阿让出狱之后，他没吃没喝，也没有人愿意给他工作，气急败坏之下，他开始想要做贼做到底。一天晚上，他闯入了一间教堂，米里哀主教给他饭吃又给他住的地方，但是他还是偷了教堂的很多东西连夜逃走。结果半路又被警察抓住，被遣送回了教堂。当警察把他送到米里哀主教面前对质的时候，米里哀主教竟然说，冉·阿让是他的客人，并且对冉·阿让说："你怎么走得这么匆忙，忘记了这么贵重的东西。"说罢把一个金制的灯台也拿给了冉·阿让。米里哀教主出人意料的行为感化了冉·阿让，从此，他决心痛改前非，做一个好人。于是冉·阿让化名马德兰，开始到处努力地做好事，开办工厂，成为了一个富翁。他乐善好施，帮助穷人，最后被市民们选为了市长。

付出一片爱心，就是种下了一个希望；对别人施与善行，总能收获意想不到的效果。米里哀主教在面对冉·阿让对自己辜负的时候，没有选择去怨恨和愤怒，而是仍然用慈爱与宽容去对待他，谁能不为之动容呢？这样的慈爱，就像温暖的火焰，足以融化任何寒冷的坚冰。感化的力量就在于心灵的感应，它可以胜过一切的说教，一切的强制，如果说这个世界上什么力量能够无坚不摧，那么答案只有爱。

孔子曰："君子之道，忠恕而已矣。己所不欲，勿施于人。"一个用慈爱来代替一切怨恨的人，其胸怀之广真的是难以测度，而只有一个拥有如此胸襟的人，才能够同时拥有那种巨大的气场与力量。

春秋时期，楚国的国君楚庄王正在与群臣彻夜宴饮。大家正喝酒喝在兴头上的时候，宫殿中照明的蜡烛突然被一阵大风吹灭。正在这个时候，有人趁机拉扯了楚庄王王妃的衣服，王妃非常生气，于是揪住了那个人帽子上的带子并使劲撕了下来，然后她就把这件事告诉了楚庄王，让楚庄王抓住那个没有冒带的人，治他大不敬之罪。但是楚庄王深知，大家都喝了酒，可能就会有些不理性的行为，这并不说明什么问题，而且自己身为人主，就应当对属下慈爱宽恕。

所以他急中生智，说："今天大家痛饮于此，寡人非常高兴，如果我们不拉断自己的帽带，就不算是真的痛快！"于是群臣就纷纷在黑暗中把自己的帽带拉断了，等灯重新点上之后，也就无法找出是谁占了王妃的便宜。几年之后，吴国攻打楚国，楚庄王遭遇了性命之危。此时却有一位将领出来护驾，他前后五次冲入敌军阵营，英勇杀敌，保护了楚庄王的生命安全。当楚庄王已经化险为夷之后，就召此人来。那个将领立刻跪在了楚庄王的面前，说："陛下！我就是当年在夜宴上对王妃无礼的人！那天是您饶了我的命，所以我无论如何也要报答您的恩情！"

人非圣贤，孰能无过。然而，孔子却说："成事不说，遂事不谏，既往不咎。"意思是，凡事如果已经发生，成为定局，也就不要再念叨了。已经结束的事情，也就没有必要再去提建议和意见。已经过去的事情，也就没必要再去追究是谁的是非与责任，不妨就让它过去好了。

清朝中期，有一个叫董教增的人。他出身寒微，家境十分贫穷。他搭了一条船进京赶考。董教增正在船上读书，同船的有两个很有钱的公子，他们此时正在船舱内饮酒作乐，听到读书声顿觉厌烦。于是便出来问董教增："你是谁？"董教增如实相告，并且说自己要进京赶考。结果两位公子看到他寒酸的外貌哈哈大笑。董教增觉得非常羞愧，无法再在船上住了，于是就下船上岸，换别的方式到了京城。

结果董教增在当年的考试中中了第三名探花，开始做官。有一年他被派到四川做布政使。当年同船的公子恰巧也在四川做官，他想起当年的事情，非常害怕，于是便准备辞官。董教增听说后，不但不计较，还特地召见那位公子，让他不用害怕，因为自己并不在乎，同朝为官，只要为朝廷好好尽力就是。于是那位公子没有辞官，人们也对董教增的胸襟更加钦佩。

恨能挑起争端，而爱却能遮掩一切的过错。爱需要智慧，而爱里也能生出智慧来。别人或许轻慢我们，或许侮辱我们，甚至背叛我们，但是爱却是不计算人家的恶，反而激发出别人的善。这就是君子之行，而且，也只有通过用慈爱来代替怨恨，才是对怨恨最好的解决方法。把恨变为善，就像把敌人变成朋友一样，是最聪明的，也是最有益的处事方法。

4. 在"失败"中找灵感

如果有人问你，提到"失败"两个字的时候你最先想到的是什么呢？你一定会和对方说，我眼前浮现出了痛苦、困惑、无奈这些字眼。当有人问你，提到"成功"两个字的时候你又会想起什么呢？你一定会说好像有一种快乐的、兴奋的、喜悦的气氛环抱着自己。

人生并非都是一帆风顺，成功和失败的交替出现正是人生的常态。

美国有一位画家叫路西欧·方达，他早年不被人认可，时常受到别人的嘲笑，面对挫折他得到心情非常恶劣。

有几天，连续的挫折感让他的情绪非常低落，路西欧·方达坐在画布前一点都不能继续作画，生气的路西欧·方达随手用刀向画布割去。就在画布被破裂的时候，路西欧·方达却产生了一个灵感："把画布割破看上去也很美，也很有艺术感啊！"

于是，路西欧·方达把自己所有的画都搬了出来，一幅幅地用刀割破，随后在展览馆内公开展览自己割破的画。令人意想不到的是，他的画引起了社会的广泛关注，媒体评价他创造了一种新的艺术观。而路西欧·方达因此也成为一代艺术大师。

中国有句古语"福兮祸之所伏，祸兮福之所倚"，"塞翁失马，焉知非福"。讲的也是这个道理。万一我们一时失败了，千万不要丧失信心，失败并不意味着失去一切，前人告诉我们：失败是成功之母，这句话是有一定道理的。

在这方面，汽车之父亨利·福特是最好的例子。

16岁的时候，亨利·福特就辍学了，在那之后他跑去底特律做了一名学徒，那个时候，他努力肯干，表现突出，但是他并不安于现状，总是用自己赚来的工资尝试着去制作一些东西，像试制蒸汽锅炉、试制可以连续走八天的手表这种，他都非常感兴趣。

可是创造的过程并不像当学徒那么简单，尽管每一次试制前都满怀信心，每一次还是以失败告终，但是他并不放弃，感觉到这家工厂没有什么可学的东西，没什么待下去的意义的时候，他毅然决然的辞职了，要去追逐他的一个梦想。理想很丰满，现实很骨感，他的探索之路并不像想象之中那么简单，麻烦接二连三地袭来，丢掉工作的他甚至连房租都付不起了，只好去一家钟表厂打工。

尽管面临很多失败挑战，他从未放弃过自己的理想和目标，终于在 1993 年成立了福特汽车公司，此后一直推陈出新，由于成就突出，1999 年被《财富》杂志评选为"二十世纪商业巨人"，并且，在美国学者麦克·哈特所著的《影响人类历史进程的 100 名人排行榜》一书中，亨利·福特是唯一上榜的企业家。

这些失败的经历对亨利·福特后来的成就有没有积极的触动和帮助我们不得而知。然而，我们能够知道的是，亨利·福特很清楚地记得这些失败，而且比那些成就都记得更清楚。

著名作家林清玄曾经说过："在现实生活中，失败是一件可怕的事情，几乎没有人喜欢失败。可惜这世界上没有永远的成功者。我们可以肯定地说，那些在人生后半段成功的人，是由于他们在人生的前半段的失败中找到了成功的灵感。"

失败是很正常的事情，但是那些没有勇气没有力量的人一遇到失败就蔫下去了，因为，他们被失败打垮了。相反，那些有勇气有胆量的人，反而会愈挫愈勇，走得更远，把曾和他们一个起跑线上的人甩得远远的。

而且，失败能激发人的勇气，磨炼人的意志，他能转化成一个人前进的动力。当一个人内心的勇气越强大，面对狂风暴雨袭来的时候就能坚如磐石。相反，如果一个人长期处于安逸舒适的环境中，勇气和意志就会被安乐的氛围逐渐磨掉，所谓"忧患使人生存，安逸使人灭亡"，正是这个道理。

失败是用来检验一个人最好的武器，对于那些懦弱的人来说，失败就是沙发，坐上去就会陷下去；对于那些勇敢的人来说，失败就是跳板，借此失败能跳得更高。因为对于这类人来说，他们会从失败中吸取宝贵的经验和教训，在以后的生活中，他们也就会少走许多弯路，节省了成功的成本。

人生的每时每刻，我们都要接受那些挑战，失败就是挑战之一，做得好的话，它能使我们从安乐的状况中使自己的意志更加坚不可摧，激发我们的勇气，磨炼我们的意志，让我们更加强大。

5. 把贫穷当成一笔财富

不管你现在有多少财富，往上数三代，或许都是穷人。贫穷或者富裕，没有人是上天注定的，哪怕你现在一贫如洗，明天或许也会财富加身。

很多今天的成功人士，或者财富人物，曾经都有过艰难的日子，但是，经过了他们的努力，他们最终走出了贫困，成就了一番事业，拥有了大量的财富。往往他们在回忆起他们贫困时期的状况，都认为那段时光是人生中的宝贵财富，是那段岁月让他们学会了如何克服困难，如何战胜贫穷。贫穷并不可怕，可怕的是在贫困中丧失了志气。

金利来的创始人，在回忆其他的创业之路的时候就曾经谈到，他出生在贫困的家庭，在旧社会的时候，穷人在社会上是没有地位的，所以尝尽世间冷暖，备受艰辛。然而，他从来没有因为自己的生活状况而感到气馁，他也从来没有因为贫穷的生活而对未来失去信心。他积极乐观地面对生活，因为家庭困难，所以他从小就开始做各种工作来谋生，因此很早学会了各种劳动，并且养成了吃苦耐劳的精神。这也成为了他后来能够创业成功，打下了坚实的基础。

然而，并不是每一个人在穷困生活境况之下都能够成功地走出贫穷，有些人经过了贫困的洗礼，凤凰涅槃，最终让自己的命运发生了翻转；有的人则在贫穷的状况中一蹶不振。这其中的关键是在什么地方呢？

要想让自己能够跳脱贫困，最基本的一点就是要在思想上摆脱贫困的束缚。不因贫困而自卑，不因贫困而失去希望。事实上，有那么多的成功者白手起家，这也就告诉我们每一个人，当前的贫困不代表你未来也会贫困，你的出身不能改变，但是你的未来掌握在你自己的手中。对于很多的白手起家的成功者来说，贫穷是一段难得的财富，能够激发他们对于成功的渴望，能够让他们迸发出生活的激情。

在我国有个企业家叫作张诚，他是个名副其实的富豪，坐拥40亿家产。然而，张诚小时候家境困难，没米下锅，因为爷爷是地主出生，全家备受打压。长大后，张诚当过兵，也到工厂打过工。1984年，身上只有几百块的张诚决心创业。为了得到和各地经销商合作的机会，他好几个月日日夜夜在路上赶，毫不停歇，饿了就随便吃几块面包，饿疯了也只能死命喝水。

他的努力和执着打动了许多企业，他们纷纷与张诚开始了商业合作。确定了经销商之后，张诚开始下工地，与工人们一起工作。尽管资金有限，他没有拖欠工人的工资。他的实诚使工人们都愿意跟着他一起干，很快地，一座大型工厂便建成了。

很多人只看到张诚的风光而不了解他创业道路上的心酸。他常常说："我是用自己的经历悟出了这个道理，贫穷能使人学到许多有用的东西，得到真正的锻炼，人往往在越困难的时候意志越坚强，奋斗的目标也越清晰。而人生的机遇，就是在自己的苦苦奋斗中争取来的。我要感谢贫穷，是它让我成长，但我们都要背叛它，改变人生。"

相似的例子还有很多。一个湖南女孩李琼，家庭十分困难，父母下岗，经济来源十分有限，以至于她在小学的时候就几乎辍学回家。然而，小李琼自强不息，她十分渴望学习，于是，她从小就开始自己赚钱以贴补家用，同时能够让自己完成学业。

我国自古就有"生于忧患，死于安乐"的古训，对于有志之士来说，当前的困难只是让自己迈向成功的垫脚石，他们从来不期望得到别人的同情，从来不期望天上可以掉下馅饼。他们通过自己的双手，脚踏实地，一步一个脚印地走出属于自己的一片天空。更重要的是，在穷困中磨炼过的人，往往更加具有艰苦奋斗、自强不息的精神，他们面对人生中的困难，往往有超强的能力，也让他们能够飞得更高。

一个人无法选择自己的出生，无法选择自己家庭的财富状况，但是，我们可以选择我们的未来，只要自己能够坚定信心，努力奋斗，贫困只是你曾经的一个锻炼场，这里能够让你的希望腾飞。

面对贫穷，如果你放弃希望，只会让你永远处在贫穷的沼泽中无法自拔；如果你能够勇敢面对，坚信自己的信心，他将是你一生的财富，在贫穷中磨炼出来的坚韧、一往无前的品质会成为你日后腰缠万贯的基石。

预知不了明天，何不好好把握现在

第1章

有平常心才能享受当下

1. 保持平常心才能享受当下

我们自我安慰或是劝解别人的时候，经常这样说："做人要有平常心"或者"应当以平常心待之"。我们嘴上这么说，但心里未必真正知道什么是平常心。世界上许多人都为名利所累，整天算计来算计去，若得到心中所求，便得意忘形，若不能得偿所愿，则气急败坏，甚至于迁怒于其他人。如果他们能保持平常心，看轻得失，人生又怎么会变得如此悲哀呢？

那么，什么才是平常心呢？菩提树下悟道，也只是悟到"人要有颗平常心"。佛教的教义关于平常心有明确的答案：清净心即为平常心。许多佛经经典以及佛教教徒都曾探讨过这个问题。《般若心经》这样写道："是故空中无色，无受想行识，无眼耳鼻舌身意，无色声香味触法……"赵州和尚也曾向他的老师南泉禅师请教："什么是道？"他得到老师的回答：平常心是道。

纷繁的社会，利欲熏心，权字当头，久涉其中，就会像无头苍蝇般，摸不到前方的路，看不清自己的目标。保持一颗平常心，回头看看，其实你所追求的幸福就在身边。

"春有百花秋有月，夏有凉风冬有雪，若无闲事挂心头，便是人间好时节。"这是宋代无门慧开禅师所写的一首诗。这首诗看上去简单，实际上包含着高深的哲理：若抱着平常心来看待四季更迭，便能欣赏到各色风景；反之，非但不能欣赏到风景，反而会生出厌恶之心。

夏天到了，天气变得非常炎热，院子里的草全失去生气，变得枯黄一片。小和尚着急得不行，他对师父说："我们再种植一些青草吧！"师父答："遇事不可着急，随时。"买了种子后，师父让小和尚将它们种到院子里。小和尚正准备依命行事时，突然起了一阵大风，大部分种子都被风吹走了，只留下少许被吹到了院子里。见此情景，小和尚非常着急。

师父安慰他说："只有空壳的种子才会被风吹走。空壳即使种下去也是没有收获的，所以不必着急，随性。"剩下的种子都被种到了院子里，谁知，种子刚种好，就有小鸟飞到院子里刨开泥土吞食里面的种子。小和尚连忙上前赶鸟，"这下大事不妙了，这些讨厌的鸟只怕要把种子吃光了。"师父道："种子有很多，这几只小鸟是吃不完的。随遇。"过了几天，突然狂风大作，下起了暴雨。小和尚开始担心，他对师父说："雨下得这么大，种子恐怕都要被冲走了。"师父还是很平静："种子就是种子，无论在哪都能生长。随缘。"

一段时间之后，种子纷纷破土成芽，整个院子变得生气勃勃，连没有播种的地方也长出了一丛丛的绿芽。小和尚非常高兴，他跑到师父的房间，"师父，种子都发芽了，您快过来看看吧！"师父回应道："种子发芽本来就是很平常的事情，随喜。"这位师父是位拥有平常心的人，所以他能做到随时、随性、随遇、随缘和随喜。人若拥有平常心，将一切归于自然，便能欣赏到眼前的风景，体会到当下生活的各种美妙之处。

人生就像登山，而我们总是在不断向上攀登。在这个过程中，我们要追求金钱和权利，更要追求快乐和幸福。因此，我们应当保持平常心，在攀登的过程中将心气放低一些，这样不仅能攀登到高处，而且能真正体会到人生的乐趣。

有人觉得俗世的生活即是受苦受难的过程，事实上，事情并没有想象地这么糟糕，他们之所以有这种想法，是因为他们缺乏平常心。许多人不知道知足，什么都想要，什么都要争一争，若求之不得，则痛苦煎熬。这样的生活怎么可能不成为苦难呢？

平常心难得，因此，我们要静心地修行，尽量让自己的行为归于自然，不刻意，不强求。人一旦拥有平常心，心灵变得开阔和泰然，能够于细小处发现快乐，那么整个人生将变得快乐和充实。

如果我们也能用平常心来对待生活，那我们将更加幸福。我们应当事事顺应自然，该把握时就把握，走出自己的精彩人生，该放手时就放手，停下来欣赏自己的"人间好时节"。

2. 名利皆身外物

人们对名利的热衷从来如此。有的人视名利为人生至宝，穷其一生去追求；有的人视名利为粪土，大大地唾弃。但是，名利本身是没有好坏之分的，所谓的好与坏，都是人对它的主观评价。

适当的名利心可以是人们前进和发展的动力，但是如果把名利看得过重，也会成为捆绑自己身心的一道枷锁，让你放不开自己的手脚。古语云："不为物累，高风亮节。"一个人可以追求物质，但不可太看重物质，一个人可以追求名利，但不可太看重名利，这其中的平衡之道需要每个人虚心去揣摩。

我们总是讲要淡泊名利，但这句话并不是谁都能说的。没有名利的人说这句话没有底气，会让人觉得是"酸葡萄心理"；已经有名利的人说，又似乎有夸耀之嫌。其实，不管是褒是贬，只要我们还在谈论名利两个字，名利的概念就还没有从我们心上被真正地放下。

　　我们淡泊名利的根本目的，是为了维持自己内心的宁静，而不是一个"高风亮节"的头衔。如果一个人明明很钻营势力，却总是说我"不是为了钱，不是为了名"，但心里比谁都更想得到，那么他比那些光明正大追求名利的人更加虚伪和龌龊。

　　名利都是身外之物，生不带来死不带去。我们可以去追求名利，享受名利带来的便利条件。但名利只不过是我们在追求内心目的时的一个工具，有就有，没有也不会刻意而强求。例如退居山林，不为五斗米折腰的"五柳先生"陶渊明，并没有阻止他的儿子去做官，因为他知道，只有真正了解名利地人，才能够彻底地放下。否则，只不过是因为没有得到的自我安慰而已。

　　有位清代艺术家张潮，就在他的《幽梦影》中这样说："能闲世人之所忙者，方能忙世人之所闲。人莫乐于闲，非无所事事之谓也；闲则能读书，闲则能游名胜，闲则能交益友，闲则能饮酒，闲则能著书；天下之乐，孰大于是？"很多现在的都市人，总是喜欢说，等我有了钱，也要到哪里哪里去隐居。但是，如果一个人没有世事看过之后的平淡和深厚的思想修养，即使隐居也不过是个噱头，充其量做个闲人，也成不了隐士。

　　淡泊名利并不是没有理想、没有追求，而是他的追求已经超越了名利的范畴。没有这样的思想境界，即使你暂时有了名利，也早晚有一天会失去。

　　后羿是一位古代有名的神箭手，传说中的"后羿射日"就是以他为原型塑造的。但他也有失手的时候。

　　一次，夏王让后羿表演射箭，那靶子只有一平方米大小，靶心的直径只有不到一寸。夏王发话说，如果后羿能射中，就赏他黄金万两，但如果射不中，就要剥夺他的千里封地。后羿闻言，心里的压力顿生，两箭都没有射中。

　　夏王奇怪，问左右说："传言后羿箭法精妙，如今有这么丰厚的赏赐，为何却屡射不中呢？"周围有大臣奏明："后羿之所以发挥失常，正是因为太过在乎名利的缘故，您的赏赐成了他沉重的压力。"

自古以来，名利相连，名为虚利为实。在中国封建社会的秀才们，寒窗苦读说的是为了报效国家，哪一个不是为了功名利禄。清代吴敬梓写的著名长篇讽刺小说《儒林外史》，就揭示了科场一幕幕仕林丑态。

小说里的"范进中举"一幕最为人所熟知。一个穷秀才因为没有考中科举，结果连身为屠户的岳父也看他不起，而一旦得知自己入选，竟会高兴地失了心窍，像个疯子般满街乱窜。还有一个六十多岁的老童生周进，因为没有考中，竟然"一头撞在号板上，直僵僵不省人事，直哭到口里吐出鲜血来……"后来有几个商人看不过去，给他捐了一个监生，他竟然跪在地上痛哭流涕道："若得如此，便是重生父母，我周进变驴变马，也要报效！"

人在为名利蒙昏了头脑时，竟然可以荒唐到如此地步。他们不要命、不要脸，也要求一个功名。为此，书中的八股文选家马二先生一语道破天机："人生世上，除了这事（科考中举），就没有第二件可以出头。"因为考中科举就可以升官发财，归根到底为名利二字所害。

难怪老子发出这样的感慨："名与身孰亲？身与货孰多？得与亡孰病？"名利可以让一个好人发疯，让一个健康的人忧患成病，这种事例在我们身边随处可见。但老子的这几个问题，却没有几个人好好的思考过。

把名利看得比自己的生命还要重要，这就是本末倒置，是人性的倒退和异化。所谓"是故甚爱必大费，多藏必厚亡"。一件事如果超出了适度的量，就必然会走向事物的反面，所以过分追求名利必然会付出极大的耗费，丰厚的贮藏必定会招来惨重的损失。唯有知道适可而止，才能"知足不辱，知止不殆，可以长久"。

因此，老子也对我们提出了几点要求。

首先，要少私寡欲，学会控制自己对名利的不合理欲望。

文学大家钱钟书就是一个懂得控制自己的人，他凭借其著作《管锥编》《谈艺录》以及小说《围城》等为很多人所熟知。连英国女王来华，点名要邀请他，都被他婉言谢绝。对于种种名利的诱惑，他说："不必花些不明不白的钱，请些不三不四的人，说些不痛不痒的话。"从这句话中，就可以看出他是一个懂得含藏收敛的智者。

其次，要抱朴归真，不要追求太过虚幻的目标。

人贵有自知之明，当你能够客观评价自己的时候，当你知道什么是你能够胜任的，什么是你干不成的时候，你就不会有那么多的烦恼了，日子也会过得开开心心。有这样一个形象的比喻，生活就像圆圈，圆圈越小，和外界的接触也就越少，你往往也就越不知道天高地厚；而圆圈越大，和外界的接触就越大，你才能知道外面的世界有多大，你才能认识到自己的渺小。

但是现实生活中，能看透自己的人少之又少，我们往往认为自己什么都能干，好像世界都是围着我们自己在转，我们也往往心比天高，我们之所以会这样，那是因为我们对社会的认识过于肤浅。往往一无所知的人才最为勇敢，因为他什么都不知道，所以他什么都不怕。这样的人往往最可爱，也最可恨。说他可爱，是因为他什么都敢干，说他可恨也是因为他什么都敢干，但是敢干并不代表会干，而社会上，蛮干的人往往没有什么好下场，要么家财散尽，要么身败名裂等等不一而足。

所以，学会抛开名利，是我们追求更大人生价值的一个必经之路。老子说"恬淡为上，胜而不美"，用一颗平常心去看待生命中的物欲得失和风云变幻。失去了，不以为悲，得到了，不得意忘形，才能超越世俗的许多诱惑和困扰，领略生活的真味。

3. 不追求完满，人生总会有一些遗憾

如果把人生分成十份，那么有三份交给理想，三份交给现实，三份留给追求与梦想，还有一份留给遗憾。人生如戏，戏如人生，漫漫人生路，百转而又千回。回溯过往的失与得，我们有欣喜也有遗憾。欣喜的是，幸亏当时我选择了"这个"，以致现如今的生活没有什么大风大浪，日日平静祥和，安稳度日；遗憾的是，如果我当初选择了那个，现在的我拥有的会不会比这更好呢？

生活很多时候就是不给你十全十美，当你拥有一样东西的时候，就会失去另一样。哪一个对你来说更为重要，或者说对你的将来更为重要，总是很难分清楚。所以我们就会不约而同地在未来的某一个日子里悔恨：如果当初我换了一种选择，现在是不是会过得更好？

这种发自肺腑的种种惋惜，追根溯源还是来自于我们每个人内心深处的那一份贪婪与欲望。

有一位古代的国王，他什么都不缺，但是总觉得还不够满足，老觉得还缺点什么，但又不知道具体是什么。

一天，国王正在王宫中四处巡视。听见有一个守卫正在快乐地唱歌，国王很奇怪，就问："你为什么这么快乐呢？"侍卫回答道："我虽然没有钱，但是我能够养活自己的妻儿，我虽然只是个侍卫，但我的孩子却为我自豪，我的家人都快乐，我为什么不快乐呢？"

国王听了，心里很不服气，便找来宰相出主意。宰相说，我有一个办法，可以让他成为"99族奴"。于是，宰相在一个布包里塞上了99枚钱币，然后把这个包放在了侍卫的家门口。

侍卫回到家之后，发现了这个布包，欣喜若狂。他赶紧回到家，关上门，再灯下细细地数布包里的钱币，数来数去都是99个，他在门外找了很久，仍然是99个。因为这个不完美的99，他本

来高兴的心开始变得沮丧。于是，他决定一定要挣回那最后一个金币！

于是，从第二天开始，他开始加倍工作，以便能够尽早攒够一百个金币，他再也也没有唱过歌。看到侍卫的变化如此之大，国王大惑不解，招来宰相询问，宰相说："这就是所谓的'99族奴'了，加入这一族的人们拥有很多，但从来不会满足。为了凑足100的可能性，他们竭力去追求，不惜付出失去快乐的代价。"

俗话说得好：知足者常乐。可是真正的知足又有多少人做到呢？在我们的心里，好像最珍贵的东西永远是得不到的和已经失去的。得不到，我们耿耿于怀，已失去，我们追悔连连，对它正是因为如此，所以我们才会在心里面念念不忘，其他的东西难以代替。

花开花落，物转星移。多年的打拼与奋斗下来，有的人荣华富贵，有的人贫苦饥寒；有的人一帆风顺，有的人一路坎坷；有的人长命百岁，有的人却只是昙花一现。常言道：有得必有失，有失必有得。罗丹放弃了栩栩如生的塑像双手，却拥有了一件完美的艺术品；刘邦放弃了唾手可得的咸阳城，却拥有了雄大的大汉王朝；陶渊明放弃了高管爵位，却拥有了"采菊东篱下，悠然见南山"的生活。既然选择了，就要坚守，如果看不到自己现在所拥有的，总是一山望着一山高，那么幸福对我们来说，永远都将是镜中花，水中月，难以触摸到。

得不到的东西会让人产生无限遐想，那样的事物在人们看来往往是完美的。拿捏在手里的东西，反复地掂量，也就不过如此，甚者还有当初未想到的种种弊端。佛说："过去心不可得，未来心不可得，唯有活在当下。"过去的已经成为过去，无论好坏谁也都不能再重新回到从前。过度的沉湎于往昔，执着于任何没有意义的假设，只能给人们增添无谓的烦恼和痛苦。

一念成佛，一念成魔，快乐还是痛苦全在你一念之间。试问，当你的事业蒸蒸日上，财富与日俱增之时，你是比以前更快乐了，还是正相反呢？金钱只能保证生活必需品的满足，却不能保证虚荣心极度膨胀所追求的那种虚幻的快乐。所以，重要的是想明白自己到底追求的是什么？然后享受追求和得到的快乐。

上面侍卫的故事，虽然说的是关于财富的，但是折射出来的内涵却是关于人性的探讨。欲望才是痛苦的根源。"人生就是欲望，欲望满足了便无聊，满足不了便痛苦；人生就是在无聊和痛苦之间循环往复。"真正让那位侍卫不快乐的，并非金钱和财富本身，而是那个"1"所代表的未能满足的欲望。

老子说："大成若缺，其用不弊；大盈若冲，其用不穷。大直若屈，大巧若拙，大辩若讷。躁胜寒，静胜热，清静为天下正。"天下最美好的东西似乎也有欠缺，但它永远也用不坏；天下最充实的东西好像也有空虚，但它永远也用不完。最直的看起来好像弯曲，最灵巧的似乎十分笨拙，最会说话的人好像缺乏口才。安静可以战胜浮躁，寒冷可以克服炎热。做到清静无为便可以统帅天下。

欲望，是我们与生俱来的。人只要有目的，就有欲望。否认欲望就是否定自己是人，甚至否定自己是生物。欲望不能也不应该被消灭，而只能去引导、去驾驭。

西方一位哲人曾说过这样一句话："人的欲望是座火山，如不控制就会害人伤己。"欲望不被满足，会让人感到不高兴、不满意。所以我们应该保有一定的欲望，这也是社会不断进步的一个重要推动力，但是做什么事情都不能过了，欲望也是如此。如果过了，欲望那才会是有害的。

当我们明白了这些的时候，我们才能真正知道：我们的痛苦来源于我们永不满足的欲望。当我们饥饿时，我们的要求不过是一顿饱饭罢了，当我们丰衣足食的时候，我们的要求可能是一大笔钞票，当我们拥有很多钱的时候，我们的要求可能会是一座舒适的房子，当我们拥有一套大房子的时候，我们的要求可能就是还要有一部好车，当我们拥有了这样一部好车的时候，我们的要求可能是要拥有更高的权力……

如果我们不懂得知足，我们的欲望就永远得不到满足，我们就会变得越来越贪婪，也越来越觉得不快乐。

有句话说"世上莫如人欲险"，在生活中，我们一定要善于调整自己的心态。无论你算计的多么精明，事物的发展总是不会都按照你的思路进行的，很多事情也都是你所控制不了的。这个世界上没有超人，人只要有情欲，就会痛苦，痛苦总是伴随在我们身边的。得到的东西越多，越不能解除你的痛苦，而是会加重你的痛苦，在这个世界上，金钱、荣誉、地位往往也是伴随着痛苦才取得的。

世界总是存在那么一点残缺，一点瑕疵，但是也正因为这点残缺和瑕疵才衬托出了其他事物的美丽。正如美和丑，善和恶一样，没有丑怎么能衬托出美丽呢？没有恶怎么能衬托出善良呢？

前段时间，有人曾经在网站做了一个调查，问题是：如果你的前男友变成了高帅富，要求你回头，你会做什么选择？结果答案出乎意料，大部分人选择了否定的答案。生活中有些事就是如此，过去就是过去了，人生留点遗憾也是一种完美，而完美的人生，难道不是另外一种缺憾吗？

4. 每天都是好日子

每个人都希望自己的生活顺风顺水，从早上睁开眼睛开始，就万事顺意，事事顺心。然而，这不过是个美好的愿望罢了。每一天，我们都会遇到很多烦心事，干扰我们的生活，让我们烦躁。这时候，该如何去保持一颗平常心呢？

某天，乐曾出寺去化缘，结果没走多远就踩到一堆粪便。同行的僧人都远远地躲开，直说乐曾太倒霉了。乐曾听了毫不介意，反而哈哈大笑，并说道："这可是软黄金，我出门就碰上了，说明我运气好，今天肯定顺风顺水。"说着，他还单脚蹦到麦田里，并将鞋上的脏物蹭到里面，说道："对地里的庄稼来说，这可是真正的软黄金啊！"

某天早上，乐曾正在打扫院子，突然，一泡鸟屎不偏不倚地砸在了他的光头上。大家都哄笑起来，乐曾也大笑起来，"天地这么广大，这泡鸟屎刚好落到我头上，这说明我的光头很特别啊！"大家笑得更欢了，这时，乐曾又板起脸教训起小鸟来："我乐曾和尚心胸开阔，这次就不与你计较了，如果还有下次，我就要以其人之道还治其人之身，将屎拉到你的头上了。"

有一次，乐曾受邀主持一次法会。结果天公不作美，法会进行到一半时，突然下起了大雨。其他人都跑去躲雨了，只有乐曾一个人气定神闲，非但没有避雨，反而把袈裟脱掉，洗起澡来。雨停后，大家都好奇地问他为什么要傻傻地淋雨。乐曾笑道："这哪里是雨？！这分时是老天爷给咱们法会送的礼，当然要尽情地享受啊！"

我们不妨设想一下，假如我们处于上述的情境之下，我们能像乐曾这般的乐观豁达吗？许多人肯定会觉得自己霉运当头，甚至怨天尤人，抱怨上天对自己不公。但是，乐曾禅师没有抱怨，他以乐观的态度来应对这些事情，即使不是好事，他也可以心境平和地面对。因此，对他来说，烦心事是不存在的，每天都是好日子，能像乐曾这样生活是人生的一种境界。

古人云："宠辱不惊，看堂前花开花落；去留无意，望天上云卷云舒。"人生如四季，一年四季，季节更迭，要经历不同的风景和气候，人生一世，时光流逝，要经历生老病死。青少年就像朝气蓬勃的春天，青壮年就像热烈的夏天，中年就像收获的秋天，而老年就像宁静的冬天。

人生如四季，变幻无常，有时春风得意，有时灰头土脸，有时心想事成，有时时运不济。世事无常，如果你的心不安定，则会生出喜怒哀乐种种情绪，所谓一念起而万象生，你的心将不复安宁和平静。若你能以平常心待之，则万念皆无，心灵上升到安静自由的境界。

　　我们应当让心灵归于自然，顺从自然规律，在适当的时机做适当的事情。我们年幼时，则专注于学业，为将来打下坚实的基础；进入青年期时，我们则应当全力拼搏，走出自己的精彩人生；人到中年，我们则充当起家庭的社会的顶梁柱；当年华老去之时，我们应当从容淡定地享受人生。事事顺心时，我们要学会享受和分享；事情不尽如人意时，我们也不应该怨天尤人或是自暴自弃，应当让心灵沉淀下来，不断地反思和改进，为将来重整旗鼓做准备。如果能这样度过一生，我们的人生将无比圆满而美好。有平常心的人，却不是阿Q那样的自欺欺人。他们是把事情看得最清楚，最透彻。因为通透了，所以才看得开。简简单单，平平淡淡，与世无争，就是拥有平常心的人所拥有的生活。

　　将每天当成好日子，离不开平常心，想拥有平常心，就不要过多计较。在现实生活中，人们喜欢计较的事情多如牛毛，计较地位、计较金钱、计较工资、计较名声……这样计较来计较去，平常心都被计较没了。

　　有位父亲，他有三个儿子。他去世时，将家里的 17 头牛作为遗产，留给了儿子们，并写明：大儿子得到遗产的一半，二儿子得到三分之一，而三儿子得到九分之一。父亲过世后，三个儿子犯难了，这该怎么分呢？1 总共只有 17 头牛，无论是一半、三分之一还是九分之一，都不是整数，难不成将牛切一半？因为谁都不想吃亏，所以三人争执不休，整天为此事吵架。

　　家族中的一位长辈看不得他们兄弟失和，于是大方地将自己唯一的一头牛送给了他们，并说道："现在有了 18 头牛，你们就可能按照遗嘱分配了。以后兄弟要和和睦睦，不要再吵架了。"
有了长辈赠予的这头牛，三兄弟果然顺利地按遗嘱分配了遗产，
老大分得九头，老二六头，老三两头，一共是 17 头，还多出了一
头牛。于是，三兄弟又将多余的牛送还给了长辈，大家皆大欢喜。
表面上来看，这是个数学题，如果你能深一步地思考，就会发现
这其实是个哲学题，考察的是我们怎样应对人生的不平事。

得与失从来不是绝对的，得到与失去也不局限于物质与金钱，
它们往往与心灵休戚相关。如果你心胸开阔，懂得关爱和帮助，
懂得感谢和珍惜，这时候，失去也会转变成一种获得；如果你心
胸狭窄，整天计较来计较去，获得也会转变成失去，你得到物质
和金钱，却失去许多心灵方面的东西，比如爱心。

《佛光菜根谭》这样写道："不怀恨、不怨尤，就会少烦少恼。"
俗世之人烦恼不断，多半是因为心中有太多计较，越计较，心里
的恨和怨就越多，烦恼自然纷至沓来。所以，我们应当放开心胸，
放下种种计较，这样自然就能远离烦恼。然而，放下计较也不是
件容易的事。如果你想不计较地生活，那么请你牢记两个字——
体谅。

体谅只是简简单单两个字，却是交往的重要法则，人与人之
间的种种关系都要靠它来维系。如果抛弃这个法则，人心就会生
出计较，你计较来他计较去，久而久之，原本的关系就会分崩离
析，不复存在了。放下争执和计较，拥有一颗平常心，我心澄明，
清风自来，那么每天都会是好日子。

5. 人生的每一层楼你都想做些什么

现代社会的生活节奏越来越快，每个人都像只上了发条的钟，
分分秒秒忙个不停。孩子们忙着换补习班，尽管体力透支也要挖
掘隐藏的天资，坚决不能输在起跑线上。青年人忙着奋斗，忙着

为了更好的生活奔波。中年人忙于权利、利益的纠葛中。而老人则忙在怎么打发余生。不管哪个年龄段的人都在忙，整个社会都在忙，不仅需要朝九晚五，还需要加班加点，慢一刻，就来不及抓住机会了。这样的生活让人处于巨大的压力之下，让许多人不堪忍受。

因此，社会上逐渐兴起一股过慢生活的浪潮。卡尔·霍诺就是著名的"慢生活家"之一，他认为慢生活是一种健康的生活方式，它提倡慢，但并不赞成拖延和懒惰。它主张人们放慢生活的节奏，寻找到平衡的生活方式，既兼顾工作，又注重休闲。有人认为，过快生活的人会将过慢生活的人远远地甩在身后，从而更快地到达成功的终点，而后者则可能一事无成。

事实上，慢生活并不意味着失败的人生，它不仅能让人享受人生路途的各种美好风景，也能让人获得人生的成功。

星云大师的一篇文章中写了一个80层楼的故事。故事的主人公是两兄弟，他们都爱好登山。某次，他们登山回来，发现所住大楼的电梯出了故障。这可怎么办呢？他们的家可是在大楼的第80层呢。兄弟俩一商量，都自认为身强力壮，又是登山好手，于是决定徒步爬上80层楼回家去。

兄弟俩不愧是登山的好手，一口气爬到20层都不觉得累，于是继续向上面爬去。再好的体力也有耗尽的时候，当兄弟俩终于登上了第40层楼时，他们轻松不起来了，双腿重得像灌了铅，每登上一个台阶都要费很大的力气。原来不当回事的背包此时显得沉重无比，压得他们透不过气来，于是他们把背包卸下，放在了第40层，打算电梯修复之后，再回来取。

卸下背包后，他们轻松不少，又继续往上爬。越往上越难爬，当到达第60层时，他们已经力竭，腿抬起来都相当费劲了。可是只剩下20层了，胜利马上在望了，怎么能轻易放弃呢？他俩相互打气，咬着牙坚持往上爬，终于登上了第80层。

终于到家了，兄弟俩迫不及待地想开门回家，谁知，弟弟正准备拿钥匙的时候，却突然想起钥匙还在背包里。这可怎么办？兄弟俩后悔不已：要是没有丢掉背包该多好！然而，天下是没有后悔药买的，他们失去最后一分力气，跌坐在地上，茫然不知所措。

这个故事虽然简单，却包含着深刻的人生哲理，这80层楼就像人的一生。40岁之前，我们处于精力最充沛、头脑最灵光、身体最健壮、心态最进取的时期，所以努力吸取各种知识，认真工作，对未来充满信心和向往。40岁之后，虽然各人的际遇不尽相同，有人功成名就，有人勉强糊口，精力和头脑也大不如前，但我们没有理由停下来，还是不停地向上攀登。到60岁之后，我们已经经历过大风大浪，阅尽人间冷暖，把所有的事情都看淡了。而年满80岁时，我们的身体已经像台破烂的机器，这也不灵光那也不灵光了，生命即将走到尽头。我们伸出手想打开埋藏着生命奥秘的大门时，才发现开门的钥匙还放在行李中，而行李早就不知所踪了。

当然，行李在这里只是个比喻，它可以是任何东西，比如亲情、爱情、责任等。我们年轻时，总在不断往上攀登，总觉得上面的风景更好。有些东西，我们觉得不重要，甚至是累赘，拖累了我们向上的脚步，所以我们毫不犹豫地将其抛之身后。然而，随着时光流逝，等我们白发苍苍时，才发现这些丢弃的、曾经认为不重要的东西才是得到幸福的关键所在。然而，一切都已经晚了，这些东西早就消失不见了，而我们辛苦了整整一辈子却什么都没得到。

因此，我们关注的不应该是虚无缥缈的未来，而应该是实实在在的现在。如果你不懂得如何把握现在，那么不管你能力多强，智商多高，地位多显赫，财产多丰厚，你都不可能真切地感受到快乐和幸福。许多人终其一生都碌碌无为，就是因为他们没有理解当下的重要性，没能够活在当下。如果他们能及时悔悟，或许还可以拯救自己的人生，但大部分人直到走到生命尽头才幡然悔悟，然而，一切都为时已晚。

事实上，不管慢生活还是快生活，都只是种生活方式，按个人的实际情况进行选择就行了。但是，不论你选择哪种生活方式，都不要忘记要拥有一颗享受当下的心。如果我们能注重当下，能尽情地享受和体会现在的生活，那么我们的生活将充实无比，每分每秒都是有意义的。

第 2 章

当下的这一刻必是美好的

1. 机遇无处不在，即使摔倒也是成长

从我们来到这个世界上，摔倒就是非常平常的。在大家学走路的时候，经常会摔倒。大家都害怕摔跤，因为它不仅给人带来伤口和疼痛，还会让人丢掉面子。然而，害怕是没有意义的，通常你越是害怕某件事情的发生，那它发生的机率就越大。

如果你真的摔倒了，先别急着抱怨和咒骂，因为这次的困难可能是你人生的十字路口，而路口的交通信号灯可能将你引导至成功之路，也可能让你走向失败的深渊。如果你气急败坏，就可能错过走上成功之路的信号；如果你能保持平和的心境，仔细地观察和判断，那么成功之路将在不远处向你招手。

要想确保不会摔倒，那就永远别站起来，趴在地上的人的确没有摔跤的危险，但同时也不可能走多远的距离。所以说，要想获得成功，就要有敢于尝试和敢于冒险的精神，要在跌倒后豪迈地笑，并努力地起身，掸掉身上的灰尘继续前行。成功没有捷径，它就是一个不断尝试的过程，失败、挫折、迷茫，经历无数次的困境而不倒，你就会成功。

我们一再强调这一点：机遇无处不在。既然机遇无处不在，在挫折前也必定会有机遇。而在挫折中寻找机遇，其成功往往更高。

没有一个人的人生是一帆风顺的，每个人都会遇到或大或小

的挫折，挫折到来时，我们首先要做的是学会思考。因为积极向上的思考对解决困难起着至关重要的作用。

一个刚刚毕业的大学生在报纸上看到一则招聘启事，这工作正好跟自己在校所学的专业对口，于是，他按照招聘启事上定好的时间准时到达招聘地点，结果发现那里已经有30多位应征者排好了队，而招聘启事上登出的招聘人数是2名。

这位大学生开始同四周的人交谈，发现他们中有不少都是有着相关的工作经历，丰富的工作经验，说起话来头头是道。而这个大学生本人却是刚走出校门的，虽然专业水平不错，但是真正用于实践时，肯定要经历一个过程。这么看来，他认为自己实在是没有太多优势。尽管如此，他并没有想着要退缩，无论如何他都想要试一下。于是他开动脑筋，积极思考如何解决眼前的困难。

终于，他想出来。他从包里掏出便条纸和笔，在上边写了几行字，然后走到负责招聘的女秘书面前，十分礼貌地说："小姐，请您把这张纸交给老总，这件事很重要，非常感谢！"说完又回到队伍中。女秘书被眼前这位大学生的举动吸引了，因为他看起来神情愉悦、文质彬彬，让人印象深刻。于是，女秘书真的把那纸条交给了老总。

老总虽有些奇怪，但他还是打开了纸条："先生，我是排在第36号男孩。请您不要在见到我之前做出任何决定。"

结果如何，我们不得而知。但是我们可以想像下，或许这位大学生真的不如应征者中那些条件优越的人，因此他没有被录取；或者他真的凭借自己过硬的专业知识和有价值的思想而被录用了。但是不管是哪一种结果，其中有一点是可以肯定的，招聘单位的老总肯定要见一见这位年轻人，也就是说他肯定会有一个面试的机会。这个机会就使他向自己的目迈近了一步。

退一步说，如此勤于思考的人，即使他得不到这份工作，他也会找到一份适合自己的工作。在困难面前不退缩，而是积极地寻求解决方法，并有能力在短时间内抓住问题的核心，谁敢说这样的人获得成功的概率不大呢？

一个人在其一生中总要面临各种困难，这个时候，你就应该把自己当成强者，努力去克服它，克服困难的过程就是抓住机遇的过程，而这机遇是你锻炼自己坚强的机遇，是锻炼独立思考的机遇，是向他人展示你积极进取精神的机遇。而这些都将成为你的某种储备，将来某一刻，它们会成为你被认可、被推崇的筹码。

摔倒了再站起来的名人还有许多，指挥家小泽征尔就是其中之一。小泽征尔是日本人，他从小就表现出过人的音乐天赋，并得到机会在欧洲学习音乐。他少年得志，拿过大大小小的音乐奖项无数，世界著名的指挥家、有音乐魔术大师之称的卡拉扬非常欣赏他的音乐才华，还亲自指点过他。

后来，日本广播公司交响乐团聘用了小泽征尔。出人意料的是，他的第一次表演就出了状况：当他出现在表演现场时，他发现他是唯一到场的乐团成员，其他的成员因为对他不服气，集体罢演了。小泽征尔感到十分愤怒，在他看来，这绝对是极其耻辱的事情！好在，他并没有灰心丧气，他从空无一人的舞台上走下来，在心中暗暗地下决心：以前能做好，凭什么现在不行了呢？我一定可以做到的！

之后，充满雄心壮志的小泽征尔去了美国，在那里，他继续学习音乐指挥技艺，还先后担任了多个乐团的音乐指挥。这些经历丰富了他的阅历和经验，也使得他的现场指挥越发的个性鲜明，指挥技艺越来越精湛，西方媒体称他为"当今世界著名指挥家"。小泽征尔在摔倒之后，再次站了起来，并得到大家的一致认可。

从上述两人的经历，我们可以看出，他们在摔倒之后，没有怨天尤人，也没放弃希望，而是想方设法重新站起来。他们的做法是极其明智的，摔倒了已成既定事实，无论是伤心难过，还是后悔生气都已经晚了，与其做这些无意义的事情，不如坦然地接受事实，然后，寻求重新站起来的方式，这样才能起死回生，实现事业的第二春。

2. 趴在地上的人不会摔倒，也无法前进

人生的道路漫长而曲折，人人都可能失足摔倒。尽管同样是摔跤，每个人的反应却不尽相同，通常情况下，我们可以将事后的反应归类为四种。

第一种：有的人摔倒后，就开始自怨自艾，伤心难过，待在原地，等待别人来拯救自己。这类人是懦弱，不堪重任的，他们注定没有未来可言。

第二种：有的人摔倒后，马上怨天尤人，大骂老天不长眼，发泄完心里的怨气后，爬起来直接走掉了。这类人不懂得从失败中学习经验，在以后的路途中，必然还要遭受更大的挫折。

第三种：许多人摔倒后，既不伤心，也不抱怨。他们站起来之后，总是第一时间寻找摔倒的原因，并从中吸取教训。这类人是聪明的，因为他们懂得吃一堑长一智的道理。

第四种：某些人摔倒后，不仅能反思摔倒的原因，而且能从摔倒的经历中获得灵感和新想法。这类人知道顺应当前的形势而采取行动，是拥有大智慧的一类人。

四种不同的反应对应着不同的四类人。在现实生活中，第三类人是最常见的，第一、二类也不难见到，而第四类最为罕见的。纵观古今，我们可以知道，第四类人往往是人生路上的强者，他们不仅能在摔倒后重新再站起来，而且能够从中获得意外的惊喜，而露丝·汉德勒就是这样一位强者。

有这样一个故事：某条路上，突然出现了一个破瓦罐，谁也不知道是谁扔在那里的。第一个人路过时，不幸被瓦罐绊住了脚，摔倒在地。他非常生气，破口大骂起来。终于，他骂够了，从地上爬起来离开了。

无独有偶，第二个经过的人，也被瓦罐绊到脚，摔了一跤。这个人的脾气和修养都很好，他没有生气，也没有骂骂咧咧。他一边揉着摔痛的地方，一边好奇地寻找将他绊倒的东西。当他找到瓦罐之后，就想：我应当把它搬走，以免别人也被绊倒了。好心有好报，当他搬离瓦罐时，竟然在罐子里发现了许多的金银珠宝。于是，他成为富甲一方的大富翁。

同样的开始，却以不同的结局收场，前者因为心怀怨恨，结果一无所得，后者因为心平气和，结果得到意外之财。

对很多人来说，露丝·汉德勒只是一个陌生的外国名字而已，不足为奇。但提起芭比娃娃，不知道的人却寥寥无几。芭比娃娃从上市起一至畅销至今，到今天，它的总销售额已经超过 10 亿美金，成为玩具市场难以超越的奇迹，而这个奇迹的创造者正是露丝·汉德勒。

数十年以来，芭比娃娃已经成为无数少女的心头之好，而露丝·汉德勒本人也凭借芭比的成功，而跻身全美最杰出的女性企业家之列。然而，芭比刚上市之初，却频频遭人质疑，许多人认为，这样的玩具不仅没有任何教育意义，而且可能误导少女们的想法，让她们觉得光鲜的外表意味着一切。

面对大家的质疑，露丝没有放弃芭比，在随后的工作中，她致力于为芭比打造精明能干的职业女性形象，为此，她给芭比设计一系列新形象，比如女警官、女医生以及女宇航员等。最终，露丝的坚持和奋斗获得了回报，芭比娃娃获得了空前的成功。

然而，天有不测风云，正当她春风得意之时，却被发现患上了乳腺癌。为了防止病情进一步恶化，医生不得不将她的乳房切除掉。同时，由于她所在的公司开始实施产品多元化政策，不再将玩具的生产作为公司的重点发展方向，露丝不得不带着无奈的心情辞去了公司的职务，离开了她一手创建的美泰公司。

于是，露丝几乎在同时失去了乳房和事业，失去乳房，等于失去了作为女人的所有魅力，而失去事业，对聪明独立的露丝而言，打击比前者更大。但是，无论是身体的疼痛，还是事业的失利都没有将这位坚强的女性打倒，反之，她从自己的身上发现了新的商机。乳房被切除之后，露丝替自己做了一个假乳房，在这个过程中，她发现这是个非常有潜力的行业。于是，露丝重新开始了创业，为此，她重新成立了一家公司，专门设计和生产仿真乳房。

露丝亲身感受到了失去乳房的痛苦，所以她重新创业的目标就是要制造出逼真的假乳房，让失去乳房的女性可以重获自信和美丽。同样地，露丝的这次创业也并非一帆风顺，当时，人们的思想还相当保守，凡涉及到女性乳房的病症，大家都不愿意公开讨论。因此，露丝的行动再一次受到众人的质疑，甚至讽刺和嘲笑。

露丝一直都是个立场坚定的人，这一次，她也始终坚守着她的目标。她的坚持让她再一次地获得了成功，到20世纪80年代，她的公司再一次创造了销售的奇迹。

上面我们提到，根据遭遇挫折时所做出的反应，我们可以将人分为四类。如果处于露丝的处境之下，第一类人很可能失去生活的信心，从此消沉下去；第二类人通常会怨天尤人，完全无法接受残酷的现实；第三类人生性聪明，所以会选择坚强和勇敢，积极地与命运抗争；第四类人是真正拥有大智慧的人，他们不仅能从痛苦中解脱出来，而且能从痛苦中发现机会，重新开始自己的新人生。

即使你现在的处境可能相当糟糕，但请你不要灰心，只要你有安定的内心和敏锐眼睛，你必定可以从当下挖掘出新的机遇，并在此基础上，书写出新的辉煌。

3. 重视困难，却无需惧怕困难

老子曰："祸莫大于轻敌，轻敌几丧吾宝。"轻敌，历来就是兵家之大患。毛泽东虽然说："一切反动派都是纸老虎。"但是也表示说："任何松懈战斗意志的思想和轻敌的思想都是错误的。"

困难是客观存在的，因为有优势，就有困难，从来没有一个完全安全、绝对顺利的处境。一个人的进步，一个企业的发展，都是在不断地克服现有的困难，突破现有的阻碍，才能让自己不断地迈进一个新的时代。克服困难，首先就要能看到困难，并且能给予困难一个合理的重视。这样，我们才能够开始探讨可行性与对策，并且着手行动。

重视困难，却无需惧怕困难。

1938 年日军大举侵华，不断南下，然而在武汉沦陷后，日军逐步改变其侵华政策，一方面引诱国民党投降，另一方面开始主要进攻中国共产党领导下的抗日根据地，实行了惨绝人寰的"三光"政策。从此以后抗日战争统一战线遭到了破坏，日军开始进行疯狂的扫荡，而国民党军队坐视不理，开始了真正意义上的消极抗日，积极反共，对共产党停止发放一切军费，实行了经济封锁和军事包围。正逢华北等地自然灾害严重，共产党领导了八路军和新四军顿时陷入了孤立无援，断粮断衣的绝境。

但是为了坚持抗战，共产党开始带领根据地居民战胜困难。1942 年底，中共党中央提出了"发展经济，保障供给"的方针，号召解放区军民自力更生，克服困难，于是一场以"自给自足自救"的大生产运动就此展开。在这场大生产运动中，军民齐动员，全部参与了起来，生产搞得红红火火，其中 359 旅在南泥湾的生产自给最为出色，战士们高唱着"开荒好似上火线，要使陕北出江南"，用自力更生、艰苦奋斗的革命乐观主义精神去克服了重重困难，最终达到了解放区军民的自给有余。

重视困难，却不惧怕困难，我们就能够战胜困难。而轻视困难的本质其实是对困难的畏惧。

著名的爱国数学家华罗庚曾经说过："不轻视点滴工作，才能不畏惧困难。而不畏惧困难，才能开始研究工作。轻视困难和畏惧困难是孪生兄弟；往往出现在同一个人的身上，我看见过不少青年，眼高手低，浅尝辄止，忽忽十年，一无成就，这便是由于这一缺点，必须知道，只有不畏困难、辛勤劳动的科学家，才有可能攀登上旁人没有登上过的峰顶，才有可能获得值得称道的成果。所谓天才是不足恃的，必须认识，辛勤劳动才是科学研究成功的唯一的有力保证，天才的光荣称号是决不会属于懒汉的！"

　　"鸵鸟心态"实际上就是一种逃避困难的心理，是不敢直面问题的脆弱与懦弱。很多人面对压力不是去积极面对，寻求解决，而是掩耳盗铃，视而不见，自欺欺人地采取回避态度，明知这样下去会酿成灾难也无法有勇气去正视，但是问题并不会因为他们的逃避和拖延而消失，反而会因为逐渐失去最佳的处理时机而一天比一天难办，最终变得积重难返。

　　有三个人一起赶路，却被一条大河挡住了去路，河对岸就是一个酒家。这时候天快黑了，而且风声大作，河面上只有一条渔船，渔夫说，一会儿就要有暴风雨了，如果你们要过河，那就给我一百文钱。三个人一听，这不是趁火打劫吗？其中有两个人觉得太贵，不愿意过去，而另一个说，罢罢罢，一百文就一百文，赶紧渡我过去。结果渔夫把第一个人渡过河去了。这时候天空已经开始出现闪电。没过河的两个人都有些害怕，就对渔夫说，好吧，给你一百文，让我们也过去。可是这时渔夫说，现在天气更不好了，随时会有危险，所以我要二百文。其中一个人同意了，另一个人没有同意，渔夫就把同意的那个人渡过河去了。这时候雷声想起来，震耳欲聋，已经有豆大的雨点飘洒下来，最后的那个人急了，说，我给你二百文，快让我过河吧！渔夫说，你开什么玩笑，这时候过河随时都要出人命，除非你给我三百文。疾风骤雨已经开始了，第三个人没有办法，只得花了三百文过了河。

　　有些问题适合采取顺其自然的态度，但是有些问题需要的是你积极地面对和承担，它们并不会自动消失。面对后者，只有主动出击才是最好的防御，才会把损失降到最小。

　　如果你要赶路，那么前面有一条必须付出代价的河，你如何才能逃避呢？困难是逃避不了的，有些代价也是避免不掉的成本，不管你怎么拖延，最后还得去面对和解决的。然而你却要为自己的拖延付出更大的代价。

采取回避的时间越长，就是在积攒我们需要支付的更多的利息。南宋时期，金军进攻中原，当时的皇帝宋高宗不但不知道迎头抗击，反而选择了逃跑。当时宋朝的军队不可谓不多，但是宋高宗却一味地不敢对抗，只希望求和，最后竟然坐船逃到了海上，成为天下人的笑柄。最后这个昏庸的皇帝甚至杀尽了岳飞等这样的忠臣，把大宋的江山拱手让人。

其实困难并没有我们想象地那么可怕，有的时候你甚至都没有去尝试过，而只是抱着自己对困难的一种虚构的夸张的惧怕态度，可是这种态度却从没有得到过现实的验证。你并不是在被困难吓坏，而是一直在被自己所欺骗。

在一块农田中，多年以来，一直有一块大石头陷在地里。这块石头每天都会碰断农民好几把锄头。农民一直抱怨自己运气不好，自己的田地不如人家的平整。这块大石头成了他挥之不去的心病，让他非常不快可是又对此无可奈何。

有一天在他的又一把锄头被碰断后，他的怒气再也无法压抑了，他愤怒地看着这块石头，想起这些年来这石头给他的麻烦，农民终于痛苦地无法忍受了，他终于下决心要把这块石头扔出去，不管它是多么大，多么重。于是，他找来各种沉重的金属工具伸进了石头底下，可是当他用力撬的时候，却惊讶地发现，原来这块石头并不大，它埋在地里的部分比想象的浅得多，小得多，没用多大劲就把这石头撬了出来，农民只是滚动着石头，就把它推到田垄上去了。

重视问题，你就会开始解决问题，而一旦你开始解决问题，你就会发现，事情真的没有想象中地那么困难。不敢去重视困难的人，其实就是讳疾忌医的人，他们担心行动的结果是危险的，会失去现在相对安全稳定的状态。华为总裁任正非说过："如果一个企业不冒风险，这才是企业最大的风险。"

　　一拖再拖只会延误时机。其实只要我们能够做到做事情有始有终，遇到困难去正视它，相信自己肯定可以克服它，努力地去分析，去研究，去想办法，而不是避开，不是绕道而行，自欺欺人，那么困难怎么可能不被解决呢？我们只有解决的问题越多，我们前行的道路才会越顺畅。房子只有每天打扫，才能保持干净，而且打扫起来也容易。如果放上三年，再去做一个扫除，那该多么困难啊！

第3章

当下是突破自我的力量

1. 没有人能一帆风顺，忍辱负重方是大丈夫所为

人都是有虚荣心的，大家都希望风光体面，受人尊敬，谁都不乐意让人看低一等或是遭人侮辱。然而，世上之事不如意者十之八九，许多事情往往与你所期望的背道而驰。韩信发迹之前，还忍受过胯下之辱。而我们现代人，小时候被父母责骂，长大了还要遭受上司的批评和指责，甚至随意走在街上都可能与陌生人产生冲突。当你被责难和指责时，会怎么样反应呢？客观冷静地跟对方讲道理？以牙还牙，用犀利的言语还击回去？或者干脆用拳头告诉他，你不是好欺负的？

事实告诉我们，这些方法都不是什么好选择。证严法师曾说过：“要志气用事，不要意气用事。”意气和志气，虽然只有一字之差，内涵却是千差万别。意气用事之人遇到事情时，通常变得非常情绪化，觉得胸中憋着一口恶气，不出不行；而志气用事之人无论遇到什么情况，都能保持冷静，遇事先反省自己。不同的态度导致截然不同的结果，前者往往让事情越来越糟，不仅害人而且害己，而后者则能圆满地将事情解决。

许多人认为，如果被人欺负或是看低，就一定要当场还回去，否则就是懦弱的胆小鬼。实际上，忍辱负重才是大丈夫所为，能忍他人之不能忍，方为大丈夫本色。让人遗憾的是，现在懂得忍

辱负重的人越来越少了。意气用事是种情绪化的处事方式，表面上看，当你意气用事时，不良情绪都已经发泄出来了。然而，事实却并非如此，你发泄之后，各种消极情绪会纷纷找上门来，因此，你的心情在很长一段时间内，还是很难恢复。志气用事却是种截然不同的处理方式，它是冷静客观的，不仅能彻底解决事情，而且可以让你的内心安定下来。

孔子是儒家学派的创始人，受到世人的尊敬，被尊称为孔圣人，然而，孔子年轻时，也曾受人白眼，被人瞧不起。

某次，鲁国贵族季孙氏举办宴会，专门宴请士一级的贵族。孔子觉得自己符合条件，所以前去赴宴。谁知，他刚走到门口，就被季孙氏家的家臣给拦住了。这个家臣狗仗人势，根本不正眼看孔子，他说道："我们季氏宴请的是名士，没有请你！"对方气焰嚣张，完全不把孔子放在眼里，孔子非常气愤，可他没有据理力争，更没有恶言相向，他冷静地离开了季孙家。如果换了别人在孔子的处境下，很可能会头脑发热，不管地点和场合，给这个家臣一点颜色瞧瞧。但孔子很冷静，他知道这样的方式毫无意义，只会让自己更加的难堪。

与此同时，当众受辱的孔子还认识到，要获得别人的尊重只能靠自己，只有不断地提升自身的能力，才能彻底改变被人看低的现状。因此，孔子决定发奋学习，以期有一天能靠真才实学得到众人的尊重。在当时，有机会接受教育的都是些贵族子弟。虽然先辈们也曾风光体面过，但孔家到孔子这一代时，已经家道中落，没有办法为孔子提供受教育的机会。虽然没办法去学校读书，但是孔子并没有放弃学业，他在心中暗自下决心：一定要比那些贵族的孩子们学得更好！

当然，忍辱负重并非让你一味忍让，别人打你左脸，你马上将右脸送上去。如果真有人这样行事的话，那他就是个不折不扣的胆小鬼。所谓忍辱是让你蛰伏下来，冷静地思考，将当前所受的屈辱转变为进取的动力，这样的忍辱才有意义！

如果某人终其一生都受到他人的尊敬，那只能证明他的运气实在不错，并不能说明他有真才实干。而真正的强者通常具备忍辱负重的特质，他们在人生的低潮时，安静地蛰伏下来，默默等待着属于他们的机会。

张良是刘邦手下的重要谋士之一，也是汉初三杰之一，他足智多谋，为汉室江山立下了汗马功劳。然而，张良在年轻时，也是个做事只凭意气的鲁莽之人。韩被秦灭掉后，张良为报国仇家恨，散尽所有家产，雇佣了杀手去刺杀秦始皇。他这种完全不计后果的行为，果然给自己带来了危险，差点性命不保。

后来，随着年纪和阅历的增加，张良的个性也发生了变化，他不再意气用事，开始志气用事了，他凭借过人的智谋成了刘邦的左膀右臂，为刘邦建立汉室王朝立下了不朽功勋。

韩信打败齐国后，想自立为王。刘邦得到消息后，非常愤怒，当场破口大骂。一旁的张良立马好言劝解，并出谋拉拢了韩信，平定了当时的局势。刘邦与项羽对峙时，张良又进言让刘邦保存实力，以等待到合适的时机再给敌人致命一击。

忍辱负重是做人的一种境界。一旦你能达到这种境界，将心中的怒火转化为前进的动力，那么你将在人生的道路上前进得更远。即使你并不想功成名就，只要想当一位平凡的小市民，也应当多几分忍辱负重的精神，不在乎他人的眼光和评价，让自己专注于当下，以寻求进一步的发展。

常言道，退一步海阔天空，忍辱负重就是在前进的路上暂且后退一步，在后退的时间里，我们可以有时间思考前进的意义，有时间坚定前进的信念，也可以站在后面将前方的路看得更清楚。人生的路程很漫长，大丈夫能屈能伸，我们不可能总是一帆风顺，在无奈的时候，恰当地给自己一刻喘息，或许我们能走得更远。

2. 不能只着眼成功而失去当下

成功之路如逆水行舟不进则退，成功一时并不代表可以成功一辈子，这些曾经的成功人士，没能保住他们的辉煌，所以被时代给淘汰了。他们之中，只有极少数的人能够将成功的神话给延续了下来，成为了时代的骄子。与此同时，大多数人就像炫目的烟火般，经历短暂的辉煌后，归于沉寂，成为默默无闻的路人甲。

我们都曾经离成功很近。如果你留意一下，就会发现，你的周围并不缺乏成功人士，至少曾经的成功人士不在少数。他们曾经风光一时，如今却早已不复当年的春风得意，所以你轻易地将他们给忽略掉了。但是，只要稍微注意一下，你就会发现，这样的人比比皆是。那些成绩优异，经常被老师夸奖的同学，现在不一定比你风光，他们可能跟你一样，做着平凡的工作，过着平凡的生活；那些比你优秀的同事，也没有成为职场精英；那些曾频繁出现在各大媒体，侃侃而谈成功经验的企业家们，如今早就不见踪影⋯⋯

成功的果实之所以容易失去，是因为越是成功的人越容易迷失在当下。

曾经有一个推销员，他非常有推销的天赋，不仅口才出色，而且工作非常勤奋，因此，他一直是公司的金牌推销员。于是，同事崇拜、羡慕他，上司也重视和赏识他。在一片赞扬声中，他开始洋洋得意起来，觉得自己真是个天才，在这个世界上，绝没有他卖不出去的东西。

某天，他从一间寺庙前面路过时，突然生出个想法：我何不将和尚们发展成为我的客户呢？他马上肯定了这个想法，觉得自己的口才这么出色，肯定能做成这笔业务，到时候，自己多了一份出色的业绩，又可以在大家面前风光一回了。他越想越觉得，这个想法的可行性很高，所以，他满怀激情地走进了寺庙。

他刚进门，就遇到了一个正在打扫院子的老和尚。他马上上前热情地打招呼，接着推销起他的产品来。他是非常出色的推销员，从业经验非常丰富，他的推销有理有据，常常让人忍不住购买他的产品。这次，他将他的口才充分发挥了出来，老和尚也停下手中的活认真地听起来。见此情形，他料定这笔生意是跑不了的。谁知，他正暗自得意的时候，老和尚突然开口了："每个人都应该有些让人印象深刻的特性，否则，将一事无成。"

他终日被赞扬声所包围，何时被人如此打击过？对他来说，这简直是耻辱！他没有再推销他的产品，转身离开了寺庙，心里充满了沮丧和挫败感。

虽然感到沮丧，但他没有消沉下去，他反复回想老和尚的话，觉得颇有道理。于是，他开始反省自身。不久之后，他举办了一个小型的聚会，邀请了他所有的客户前来参加。这次聚会的费用全部由他个人掏腰包，他不仅准备了许多美食，还为到场的客户预备了小礼物。

他这么做当然是有目的的，聚会开始后不久，他就走上台，说道："今天，我邀请大家来参加聚会，是想请大家帮忙批评我。"

大家都停了下来，惊奇地看着他，觉得他说的话很不可意议。他又说道："我年纪不大时就出来工作了，受教育不多，连自我反省这种事都做不妥当，所以想请大家帮忙，谢谢！"

他的态度诚恳，赢得了大家的信任和好感，大家纷纷配合他，给他提了不少的中肯的意见。

之后，他定期地举行聚会，并将大家提的意见记录下来，不断地琢磨。在随后的多年中，他一直坚持召开这样的聚会。他的谦虚和坚持没有白费，最终，他成为了享誉全国的成功人士。他就是原一平，日本最著名的推销员，被大家称为"推销之神"。

人都处于不断变化的过程之中，通常情况下，人是很难认清自我的，很多时候，我们根本感觉不到自身的变化。在不经意间，你的内心和外在都发生了巨大的变化。某些人，他们以前为人谦逊，总是不耻下问，努力地学习他人的长处，改正自身的缺点，因此，他们脱颖而出，成了少数的成功人士。然而，他们获得成功后，没能够保持之前的谦逊作风，变得骄傲自大起来，不再听取他人的建议和意见。当然，这种变化他们自己是感受不到的，总认为自己还是之前的形象。最终，他们将失去他们之前赖以成功的法宝，在人生的战场上，以惨败收场。

对于大部分人来说，不能正确地认识自我，是件很可怕的事情，它会让你在人生的道路上停滞不前，最终被同行的人抛在身后。如果你曾经是位成功人士，而现在的处境却不是那么乐观，那么你很可能需要重新认识自己了。一个人凭什么自信呢？有人说，自信来源于成功的暗示，也就是说，某项重任或创新一旦成功了，这个人就会自信。然而，此话虽不无道理，却仍未道出自信的根本依据。一个人在做某件事，尤其是在担当重任或大胆创新的时候，就需要自信，也应当自信，而不是只有在成功之后才能自信。

如果你觉得自己不够聪明、能干和美丽，往往是因为你把自己和别人相比较的缘故，或者是把现实中的自己和理想中的模式相比较的结果。人们常常是看到别人怎么美好和幸运，总希望那些美好和幸运能被自己所拥有，却很少想到完全可以通过努力来改变自己，使自己变得更加聪明、能干和美丽，再塑一个全新的自我。

3. 肯做大牺牲，才有大回报

很多人都看过张国荣演的一部电影，叫作《霸王别姬》，里面那个"不疯魔不成活"的程蝶衣给人留下了多少感慨与惊艳。当我们脱离剧情以后再来回想，为什么只有程蝶衣领悟了京剧的真谛，成了大腕儿呢？因为他入戏太深，已经达到了人戏合一的境界，用现在的一句话说：他是在用生命去演戏，怎能不出类拔萃呢？

再反观我们现在的很多人，有多少人是真心地喜欢自己所做的事业，有多少人是在用心做自己手边的工作呢？我们把该努力的时间，花到了如何寻找捷径上，我们抱怨自己的工作，抱怨自己的生活，一天天地敷衍了事，能不做就不做，却还在想哪天能天上掉馅饼。可以肯定的是，天上不会掉馅饼，就算掉了，也不会砸到你头上。很多人不懂得一分耕耘一分收获的道理，却希望自己能像买彩票中大奖一样，用很小的成本或根本就不用成本，就能博得头彩。可惜这个希望也和中彩票的概率一样的小。

很久前，有一位青年时常对自己的贫穷抱怨不已，偶尔得到他人的资助，心里万分高兴，然而若是没有这样的好运气，便会经常牢骚满腹。

这一天，他听说街东边住着一位富翁，能够教人们怎么才能致富。于是他鼓足勇气敲开了这位富翁家的门。一进门，还没张口介绍，富翁便笑脸盈盈的说："你肯定是来问我，我是怎样白手起家的吧？"听到富翁的话，青年人一阵惊讶，于是他问："您是怎么知道的？""因为在你来之前，早已经有无数自以为一无所有的年轻人来找我问过这个问题。你也和他们一样，你具有如此丰厚的财富，可是为什么还要不停地抱怨呢？"

听了富翁的话，青年人更是一头雾水了，于是急切地问："我有丰厚的财富？我什么都没有啊！""你有一双眼睛，只要你给我一只眼睛，我可以用一袋黄金作为补偿，你愿意吗？""不，我怎么可能失去眼睛！那样我就什么也做不成了，要了黄金有什么用。"青年大声回答道。"那好吧，要么给我你的一双手也行！任何你想要的东西我都可以跟你换。这样行吗？""不，当然不行，我的双手也不能失去！"青年尖叫道。

看到年轻人因激动而涨红的脸颊，富翁微笑地说："现在你明白了吧，你丰厚的财富简直是无处不在。你有一双明亮的眼睛，你可以看到一切能够为你生活带来希望的东西，你还有一双灵巧的手，你可以为你所想的一切去劳动去争取，创造你属于自己的更多的财富。这就是我的致富秘诀。"

　　我们都知道金钱是个好东西，尤其在当下，物欲横流的年代，每个人都在梦想着发财。而真正获得丰厚财富的有几个呢？这其中的原因很多，但一个最关键的原因是，他们没有获得丰厚财富的本领。我们每天都在仰望远处金山上的金光闪闪，而没有注意到如何能找到通往金山的路，没有大的付出又怎么能获得大的回报呢？

　　一位成功人士曾说过："成功的过程有三入：即下手处的切入，全身心地投入，一步一步地深入。如果每件事情都能切入、投入、深入，那么资质差者会做到更优秀，资质优秀者能做到卓越。"对工作全身心地投入，就是一种忘我的境界，而唯有进入这种境界，你才能比其他人收获得更多。

　　也许有的朋友会提出疑问："很多人非常辛苦地工作，为什么却收获有限呢？"答案很简单，如果你在工作上只是盲目地机械地做事，那就很难取得大的成就。你必须有目标，为你的目标而努力。辛勤工作并不表示你真正投入工作了。同样是砌墙，有的人默默埋头苦干，觉得工作很无聊，但还是认命地做下去；有的人一面砌墙，一面想像着自己是在建筑一座名扬世界的宫殿，而且在自己的不断努力下，宫殿越建越好，自己成了著名的建筑师。这样，他在砌墙的同时，眼睛已经看到努力的成果了。

　　对于大多数水泥工来说，他们虽然卖力，其实思想僵化，只能在已有的工作上打转，生活对他而言是平淡无味的。而那个优秀的"建筑师"却能陶醉在工作中，同时他很可能一面工作，一面思考改善，因此技术会不断进步，工作不仅不让他觉得无聊，还让他有机会成为这一行的高手。

　　因此，请记住这样一条规则：不论做任何事，必须竭尽全力，全身心地投入，这种精神的有无，直接决定一个人日后的成功或失败。

　　不管是职场还是生活中，一切事业的成功总是掌握在那些勤勤恳恳，勇于付出的人的手上。即使你是一个再平凡不过的人，只要你在工作岗位上兢兢业业，不怕付出，不怕做"无用功"，更不要去在乎什么付出都必须有回报，那么"好运"也会在你付出的路上等待着你的到来。

上天有的时候的确是不公平的，或许你的付出不一定马上就能得到回报，但不管你在什么岗位上，如果你不付出努力，那你肯定不会取得成功。如果很不幸，你恰恰变成了那个付出却没有得到回报的人，也没有关系。虽然你暂时没有得到眼前的利益，但这次的付出却让你变得更加优秀，更加成熟。有句话不是这样说的吗？"你把时间用在什么地方，是可以看出来的"，同样你在什么事情上付出了，也是可以看出来的，而你需要做的，只是一点点的等待而已。

在春秋末年，齐国的国君荒淫无道，对百姓十分苛刻。这种情况被当时齐国的贵族田成子看到了，他对他的幕僚说："齐王用这种极端的手段，虽然是得到了不少的财富，但是'取之犹舍也'，看起来是得到了，其实却是失去了，粮仓虽然充实了，但是如果国家亡了，这个粮仓也不过是给别人做的嫁衣裳罢了。"

于是，田成子制作了大、小两种斗，打开粮仓赈济灾民，大斗借出的粮食，用小斗收回来。通过这种方法"予民于惠"，收买人心。很快，很多人就投奔到了田成子门下，而齐国的国王宝座最后也被田氏家族取得了，他看似亏了，却是大大地收获了。

史学家说："天下皆知取之为取，而不知与之为取。"所有失去的东西和付出的东西都不是白白付出，白白失去的，懂得其中奥妙的人，会掌握取舍的主动权，使它发挥出意想不的效果。

每个人的一生都不过是在次次浮沉中度过，没有人可以永远如旭日般东升，也不会有人一辈子痛苦潦倒不能翻身。天下终无不散之筵席，得失更乃家常便饭，每一次的失去都是暂时的，然而对人于生的不断渴望才是人生的永恒。在物欲横流的今天，我们的四面八方都充满了明晃晃的诱惑，可是有好处的地方必定就会有竞争，竞争越大随之而来的惊喜和落寞也会越来越多。细看人生的起落，每次的得与失，又何尝不是令人胆战心惊的一浮一沉，也正是这一次次让人欢喜让人忧的起伏让还正年轻的我们得到了最好的磨炼。

4. 人生要禁得住诱惑

什么是诱惑？诱惑是存于世上的一种奇怪的东西，你会为之疯狂而不能自己，而它之所以存在，是因为人的一生不断地被欲念刺激，所以为诱惑折磨一生。

不可否认，我们每个人都会面临诱惑。只是能诱惑我们的东西不一样罢了，有的人喜欢金钱，有的人喜欢美女，有的人喜欢古玩字画，都不一样。有时候人去送礼办事，都会事先打听一下，这家喜欢的东西是什么，然后投其所好，这个时候，你的诱惑就是你的软肋。

小时候，妈妈经常说，不要吃陌生人的糖。长大了，我们都忘了这句忠告，但陌生人还在，糖还在，只不过换了一种样子，我们却上当了。当官的会面临名利诱惑，感情面临出轨诱惑，还有美食、华丽的衣服……诱惑时时刻刻都在我们身边，搔首弄姿，将我们拉进她的怀抱，如果没有深厚的定力，就会被她所迷倒，甚至付出自己的灵魂。

我们生命中的诱惑，可以分成几类。一是私欲，想把万物占为己有；二是嫉妒，容不得别人比自己强；三是贪婪，永无止境的欲望。每一个都有足够的力量把你拉进万劫不复的深渊。

米兰·昆德拉在他的书《生命中不能承受之轻》中这样写道："从现在起，我开始谨慎地选择我的生活，我不再轻易让自己迷失在各种诱惑里。我心中已经听到来自远方的呼唤，再不需要回过头去关心身后的种种是非与议论。我已无暇顾及过去，我要向前走。"

不管你现在处于人生的低谷，还是事业的高峰，都要记住：

耐得住寂寞，禁得住诱惑，这是人生的最佳忠告。要想禁得住诱惑，首先要有一双明辨是非的双眼和一颗坚定的心。

一个猎人捕获了一只珍贵的鸟，这只鸟会说人类的语言，它对猎人说："你放了我，我会给你三条忠告。"猎人同意了。这只鸟说："第一条忠告：做事后不要后悔；第二条忠告：别人告诉你的事，你认为不可能的就别相信；第三条忠告：当你爬不上去时，别费力去爬。"说完鸟就飞走了，一边飞一边说："你真是个愚蠢的人，你不知道我的嘴中有一颗珍珠！"

猎人后悔莫及，想爬上树去抓那只鸟，结果从树上掉了下去，把腿摔断了。

贪婪是人的原罪，诱惑便是贪婪的衍生品。如果没有贪婪，诱惑又如何发挥它的法力呢？

有人说，如果你能禁得住诱惑，只是因为诱惑还不够好。还不足以让你放下心中的原则，随着诱惑的加大，你的心便会随着越来越不安稳。可能当你第一次遇到诱惑时，并不觉得这个诱惑会让你失去一切，直到小诱惑变成大诱惑，像很多好赌的人一样，他们并不是一上来就迷上的。都是因为刚开始赢了一些小钱，便想赢更多的钱，结果欲罢不能。结果掉进了诱惑的陷阱，但悔之晚矣。

记住：这个世界，没有什么东西是会平白会给你的，在窃喜之前，先想想到底是为什么。

在《抱朴子·内篇·塞难》中有这样一段话："道者，难中之易也。夫弃交游，委妻子，谢荣名，损利禄，割灿烂于其目，抑铿锵于其耳，恬愉静退，独善守己，谤来不戚，誉至不喜，睹贵不欲，居贱不耻，此道家之难也。出无庆吊之望，入无瞻视之责，不劳神于七经，不运思于律历，意不为推步之苦，心不为艺文之役，众烦既损，和气自益，无为无虑，不怵不惕，此道家之易也，所谓难中之易矣。"

要一个人拒绝诱惑真是难啊，要"弃交游，委妻子，谢荣名，损利禄……"哪一个人敢保证自己做到呢？所以这就是道之难，但还有一个容易的办法，就是以内制外，不管外物如何变化，我心自岿然不动，以不变应万变。

记得《论语》里有这样一段对话，孔子曰："吾未见刚者。"或对曰："申枨。"子曰："枨也欲，焉得刚？"孔子说："我没有见过刚毅的人。"有人说："申枨是这样的人。"孔子说："申枨贪欲，怎么可能刚毅呢？"。什么人最容易受到诱惑的摆布？是没有原则的人。

很多时候，诱惑其实就是一种选择：

庄子钓于濮水，楚王使大夫二人往先焉，曰："愿以境内累矣！"庄子持竿不顾，曰："吾闻楚有神龟，死已三千岁矣，王巾笥而藏之庙堂之上。此龟者，宁其死为留骨而贵，宁其生而曳尾涂中乎？"二大夫曰："宁生而曳尾涂中。"庄子曰："往矣！吾将曳尾于涂中。"庄子这时的诱惑不可谓不大，一边是悠闲的生活，一边是楚国的相位，只要答应就是锦衣玉食，享不尽的荣华富贵。但是庄子只用一句话就想通了，因为他知道自己要的是什么。

诱惑因欲起，没有了欲望，诱惑也就没了用武之地。

在新疆的一个村庄里，一位老人捕获到了一头公羊。这只公羊不仅体格强健，而且配种能力超强。由它配出来的羊都身体健康、肉质鲜美，还能卖个好价钱。一时间，来找这头公羊配种的人络绎不绝。甚至有人要用高价买走这只羊，但老人没有同意。

这个人并不气馁，出了更高的价格来买，老人还是拒绝了。但这之后，那种公羊却因为配种的人太多，而受到惊吓，老人不得不日夜看顾它的健康。后来，老人想出了一个办法，他带着公羊配种产出的小羊去参加了拍卖会。在拍卖会上将小羊卖给了出价最低的人。后来，觊觎这只公羊的人渐渐少了，公羊也恢复了健康，瓦萨老人不仅自己富了起来，也带领乡邻们走向了富裕之路。

有人问老人这么做的原因，老人说："世界上总会有这样那样的诱惑，但有些诱惑需要降低，因为这些诱惑只能引起贪婪、罪恶，并不能增加社会财富。"

老子曾经用"不尚贤，使民不争，不贵难得之货，使民不见可欲，使民心不乱"，从而以"虚其心，实其腹，弱其志，强其骨"的方法，使民"无知无欲"，用消除诱惑的外因来使人民的内心保持宁静，这种方法在现在社会的操作难度太大了。除非我们把自己幽禁起来，否则我们时时刻刻都会处在诱惑之中。

人人皆凡人，不是圣贤，面对诱惑把持不住是人之常情。孟德斯鸠曾说过一句话：不要试图同诱惑争辩，躲开它，躲得远远的。面对诱惑动不动心并不重要，重要的是为了诱惑而动摇自己的良心。当诱惑汹涌而来，内心抵挡不住的时候，就要学会将诱惑降到最低。看见诱惑就让自己主动避开，远离是非之地。等到自己心智成熟，能够面对这一诱惑的时候，再去接触，这样诱惑的威力也就小的多了。而当你把这些诱惑降到最低的时候，你也拥有了另一种意义上的成功。

第六篇

第六篇

无法改变事情，可以改变心情

第1章

接受不能改变的事实

1. 总有些事情我们无法改变

某位哲人曾经说："如果你要想获得幸福与自由，得先明白这个道理，我们不能控制所有事情，自己的力量仅仅能够改变生活中的某些事情而已。"自己的观念、欲望、好恶可以被控制，可有些事情我们却永远无法控制。

随着一个人慢慢长大，会越来越体会到什么叫"无能为力"，有些时候，生活中太多事情，我们只能眼睁睁地看着它们从发生到改变，自己却无法避免它的发生，譬如爱情的离去和生命的无常。如果你想要真正掌控自己生活，就要先明白自己所能掌控的"界限"，简单地讲，就是要明白生活中，哪些事情能被控制和不能被控制的，要不然，我们很容易被现实的残酷击垮。

一对年轻的夫妻原本计划周末去郊外游玩，哪知出游当天乌云密布，瞬间迎来倾盆大雨。这样的天气不得不让他们被迫取消了原定的计划。妻子一脸沮丧地说："好不容易盼来一个周末，本来还想和你去郊外散散心，一起好好呼吸郊外的新鲜空气，可偏偏赶得这么巧，今天下了大暴雨，可真是倒霉！"

丈夫听到妻子这么说，便温柔地走到她身边，从后面抱住妻子的腰，轻轻地说："亲爱的，别那么忧郁，虽然这里没有郊外的好空气，没有美丽的景色，可是你还有我呀，我会一直微笑着陪伴你的，你看这被乌云遮盖的光线，是不是很像酒会上迷离的灯光，你听这轰隆隆的雷声，像不像低沉的乐曲，不如我们来共舞一曲吧！"妻子听到这番话后，不由得宛然一笑，于是把手递在丈夫的手中，开始了只属于他俩的浪漫舞步，在这特殊的"灯光"和"乐曲"中，夫妻二人慢慢体会着另一种生活的幸福。

从自然的宏观角度来看，我们人类的力量非常微弱，既不能左右狂风暴雨的开始和结束，也不能控制冬的严寒、夏的炎热、秋的冷雨、春的微风。谁都希望生活中充满阳光，并且永远保持灿烂，但我们早该意识到，世界上有那么多自己所不能控制的事情，不妨选择去做自己能控制的事情，放弃那些不能控制的事情，虽然我们没有足够力量改变身边的一切，但是可以努力让自己幸福起来，这是我们对自己的承诺。

生活中有太多不如意的地方，艰辛与坎坷更是比肩接踵而来。这就要求我们做好心理准备，在对生活与未来充满期待的同时，又要勇敢地去接受现实的不完美。最重要的是保持一份愉悦的心情，不要因别人的错误行为而影响我们。勇敢地去接受不完美，并学会欣赏这种不完美。这既是生存的智慧，又是缔造快乐人生的秘诀。

有这样一个故事：一个人得到了一颗硕大而美丽的珍珠，这是多么幸运的一件事情啊。可是他却觉得十分遗憾，为什么呢？因为这颗珍珠上有个斑点。斑点不是很大，这个人却觉得斑点影响了全局的价值。他想，如果可以除去这个斑点的话，它该是多么完美！于是，他想了一个办法，她小心地刮去了珍珠的一部分表层，但令他失望的是斑点还在，于是他加大了力度，又狠心刮去了珍珠的一层，可是那个斑点依旧存在。那个斑点像一个噩梦一样，时刻的提醒着他，这是一个不完美的珍珠。于是他不停地刮下去。直到有一天斑点消失不见了，同样珍珠也不复存在，珍珠伴随着斑点一起被磨掉了。

此人后来一病不起。临终前，他无比后悔地对他的家人说："如果当初我不去考虑珍珠上的那个小斑点，那么现在的我手里肯定还会攥着那颗硕大而美丽的珍珠，我当初为何要一门心思的把斑点弄掉呢？"故事讲完了，我们其实可以理解那个人的心情。生活也是如此，我们每个人的身边都有各式各样的彩贝，手里都握着硕大而美丽的珍珠，只是在很多情况下我们不懂得珍惜，不知道如何来让珍珠放光彩，因此错过了许多好时机，最后一无所成。

在这个世界上真正聪明的人，往往都明白这样一个道理，完美的缺憾也是一道亮丽的风景。追求完美就是要珍惜现在所拥有的，你可以憧憬完美向往完美，但是你要知道，一味地去追求完美并不现实，你在追逐的同时往往会失去更绚丽的风景，你失去的注定会比你得到的要多很多很多倍。当我们意识到无法改变现状时，我们要学着接受现实的缺陷与不完美，看清楚生活中缺陷的一面，但是不要放弃对生活的希望，乐观生活把心态放平，心情也会变得舒畅与坦然。

2. 改变不了的只能是从前，而不是现在和未来

我们都不是预言家。不能保证自己走的每一步都是正确的。可是，现实就是现实，这个世界上没有卖后悔药的，之前的那些时光或许让我们终生难忘，或许我们为之前的一些行为懊恼不已，有些伤人心的语言我们想立刻收回，但所有的一切都已成为既定的事实，我们无力挽回。

一个年轻人跟妻子结婚6年了，或许是由于生活太平淡了，

他发现自己无论怎么看妻子也无法找到初恋时那种心跳的感觉。就在这时，一个女孩出现了，她是公司经理的女儿，女孩长得落落大方，他立刻就被女孩那种高贵的气质所吸引，开始不顾对女孩展开疯狂追求，那时的他更是忘掉了家中结婚多年的妻子。他为了向女孩表现自己的决心，跟妻子离了婚，并且迅速从那个温馨的小家里面搬了出来。

可是事情并没有按照年轻人的意愿发展，女孩并没有选择他，而是选择了一个比他更成熟更有魅力、发展前景更广阔的公司老板。而这个年轻人得到的结果是众叛亲离，还失去了深爱自己的妻子。他非常后悔自己没有珍惜曾经朝夕相处的妻子，他想去重新找回自己曾经的幸福，只是他的前妻已经对他失望至极，再也不可能回到他的身边。这个年轻人从此消沉起来，整日借酒买醉，日子过得十分凄惨。

我们总是有这样的感触：在很多情况下，如果当初是这样做而不是那样做，我们一定实现自己的梦想，事情肯定不是现在这个样子。人这一生总是会出现很多的困难，如果我们一直被这种困难所干扰，那么我们就会失去更多的东西，我们一定要明白这样一个道理，很多东西一旦失去，就再也无法弥补。

所以犯错误不可怕，失去也不可怕，从失去的那一刻开始，我们要重新树立起新的目标，用行动去改变现状，去努力去拼搏，这样才是最正确的方法。

有这样一句话，说生活中的遗憾我们常常怀念不已，很多东西一旦失去了，即便是多年以后我们仍然会念念不忘，久久难以释怀。失去的总是会变得刻骨铭心，很多人常常活在过去的回忆里；人们总是对失去的无法忘怀，有些甚至会造成终生的遗憾，懊恼不已；很多东西失去了便再也没有回旋的余地，而那些过失更是永远无法弥补。可是，我们无法释怀又能改变些什么呢？逝去的终将无处找寻，再也无法挽回。

有一个男孩得了癌症，他总是一天到晚把自己关在房间里面，非常孤单。有一天，男孩的妈妈看她十分无聊就让他出去走走看看，男孩就在街边溜达起来。正走着忽然间，他透过商店的玻璃橱窗看见了一位女孩，女孩穿着白色长裙漂亮极了，男孩被她的气质所吸引一见钟情。思考良久男孩终于鼓起勇气走进那家 CD 店，女孩看着男孩露出天使一般的笑容，微笑着问男孩："请问您想要哪种风格的 CD？"女孩的声音甜美而温柔，男孩紧张的满脸通红，慌忙中随意的指着一张 CD 对女孩说："我……我想要这个。"

女孩看着男孩紧张的样子忍不住笑起来，并顺手把 CD 包起来给了男孩，这便是男孩与女孩的初相遇。

男孩回到家日思夜想，他特别想念女孩，特别想约她出去玩，可是他却很紧张很害怕，他怕自己被拒绝，于是把想法埋藏在了心底，只是默默地每天都去这家店，然后买一张 CD 回家，仅仅只是为了与她见一面。这样过了好多天，男孩仍旧去这家 CD 店买 CD，他终于鼓足了勇气，在女孩低头为他包 CD 的时候，男孩在柜台上留下了自家的电话号码，然后就转身跑掉了……

半个月之后，女孩已经好几天没有见过男孩来 CD 店了，女孩很想见他，于是想起了男孩留下的号码，女孩鼓足勇气按了电话，令女孩想不到的是，电话那头接起的是男孩的母亲，女孩在询问中却听到了一个晴天霹雳，男孩的母亲说："昨天……他已经……离开了……"

后来男孩的母亲在清理男孩遗物的时候，发现了男孩衣柜里面那些从未打开包装的 CD。母亲拆开了 CD 外面的包装，忽然从里面掉出来一张纸条来，上面是一行很娟秀的字迹："我觉得你人很好，我可以邀请你跟我一起出去玩吗？"男孩母亲拆开了所有的 CD，每一张 CD 里都写着这样一句话，男孩的母亲流下眼泪来，或许是对男孩的想念，或许是为了这段充满遗憾的感情。遗憾的是那个男孩从来没有想过打开这些 CD，也就不曾发现女孩留下的字迹。

　　或许我们也会觉得遗憾，如果当初打开了 CD 看到那段话，男孩最后的人生便不会是这样的。命运就是如此，它从来都不给我们等待和思考的时间，很多事情我们错过了便是错过了，再也无法挽回，那我们索性不如昂起头沿着自己选择的道路头也不回地往前走。

　　成功、幸福、机遇、荣誉，它们曾经都从你的身边经过，可是在意的抓住的又有几个？很多人都会被淘汰，而只有善于观察机遇的人才能获得相应的报酬，才能最终达到胜利的高峰。

　　生活就是这样，如果我们总是握紧自己的拳头不放开，当你松开的时候你注定会失去什么。反正如果我们一直把手心张开无所畏惧，那么我们也没有什么可值得失去的了，如若不小心失去，也不要让自己永远沉浸在回忆里，不要让自己在痛苦里反复折磨，微笑一下把它当成是人生中的美好记忆吧！

3. 接受人生中的不完美

　　你可能在生命里也曾经经历过这样的时刻，特别执着地要得到的东西，一般都得不到；而当你对它的兴趣减弱，这个东西反而轻而易举的回到了你的身边。有句话说的好，成熟的标志之一就是：原来得不到的，现在不想要了。

　　有时候上帝不给你这件东西，不是你不好，而是因为你暂时还没有能力去和它匹配，所以暂时从你身边把它拿走了。就像大人拿走小孩的糖一样，小孩子又哭又闹，他们只知道糖很甜，很想要，却不知道糖会使牙齿蛀牙。等你足够成熟，能够看到糖会引起蛀牙这个事实的时候，自然对糖的兴趣就减少了，还会感谢大人当初的决定。

我们生活中有很多没完成或没得到的东西，让我们念念不忘。总会想"如果当初那样就好了"、"如果我没有这样就好了……"，凡是有这样念头的人，根源都是对自己现状的不满意。心理学家曾经做过一个实验，有两组人同时验算一道数学题目，其中一组让他们把题目做完，而另一组做到一半就被停止答题。过了一段时间，那组做完题目的人都已经不记得具体题目，但没做完的那一组，却对题目记忆犹新。

我们每个人的脑中都会对"未完成"的事情，记忆更加的深刻。这就是为什么人们对曾经没得到的人或恋情念念不忘的原因。其实并不是它有多好，就是因为没有完成，所以它才特别的好。

张爱玲在《红玫瑰与白玫瑰》中说，红玫瑰和白玫瑰，男人娶了哪个都会后悔，娶了红玫瑰，红的变成墙上的蚊子血，白的还是床前明月光；娶了白玫瑰，白的变成了嘴边的大米饭，红的还是心底上的一颗朱砂痣。你执着的、蹦着跳着想要得到的东西，不一定是最适合你的，即便你费心费力地拿到了，没准还会害了自己，错过了自己真正想要的东西。

有这样一个关于北极熊的故事，在北极圈里，北极熊可以说是没有什么能算得上是它的天敌，但是聪明机智的爱斯基摩人，却能每次都不费吹灰之力地捕捉到它们，很多人都奇怪，他们到底是用什么办法做到的？

北极熊有一个致命的缺点：它们嗜血如命。因此聪明的爱斯基摩人通常会先杀掉一只海豹，把它的血倒在一个水桶里，然后在血的中央插上一把匕首，由于气温太低，桶里的海豹血立马会结成一块大冰棒。然后爱斯基摩人就它倒出来，丢在雪原上等待猎物的上钩。

北极熊的嗅觉非常灵敏，就算几公里的距离，他们也能迅速闻到这棒冰里面的血腥味，所以它们迫不及待地赶来觅食。

闻着近在咫尺的棒冰，它们开始舔舐这块血棒冰，舔着舔着舌头便开始发麻，血的味道渐渐变淡，可是面对如此美味的食物它们又不舍放弃，所以扔着接着舔舐，慢慢的，血的味道好像开始变浓厚，也越来越暖和起来，殊不知在冰块的融化下，匕首逐渐显露出来，随着它吸吮的同时慢慢的划破了它的舌头……

虽然舌头已经麻木没有知觉，但是它灵敏的嗅觉能够感受到有更多的鲜血正在往外冒出，他们贪婪的吸食着自己的鲜血，舌头上的伤口也越来越深，最终因为过多的失血，北极熊直接休克昏厥在雪原上。而此刻正在旁边观摩的爱斯基摩人便可以从容的上前将它们轻松捕获。

其实，在生命中或是追求幸福的道路中，我们也可能是那么一只北极熊，如果我们一直抱着一种错误的观念和看法，那我们最终会获得与北极熊同样的结果。

就像古文里写的那句话："合抱之木，生于毫末；九层之台，起于累土；千里之行，始于足下。为者败之，执者失之。是以圣人无为故无败，无执故无失。"合抱的大树，是从细小的萌芽生长起来的；九层的高台，是从一筐筐土开始堆积而成的；千里的远行，是从脚下第一步开始的。硬要去做，就必然会遭到失败；紧紧抓住不放，就必将会遭受损失。因此有"道"的圣人不轻易做，所以就没有失败；不抓着不放，所以就没有损失，"是以圣人无为故无败，无执故无失"。

如今社会，很多人都在为谋求更高的职位、更多财富而殚精竭虑地奔波，他们认为这是他们活着的意义所在。这件事情无可厚非，人要生存，要背负子女、父母的压力，有时不得不要为了生计去奔波忙碌。但是，忙碌的意义不在于忙碌本身，不能为了忙碌而去忙碌，然后在临终之前，长叹一声："唉，我的一生都是为别人活的……"

真正爱你的人，不会让你活得那么累。俗话说"儿孙自有儿孙福"，学会不执着一些东西，放手一些东西，没准能让自己和他人活得更高兴，更轻松。

记住这句话："为者败之，执者失之。"人生只有一次，过去了就不再回来，美丽的虚幻与空想可以使我们面对困难时暂时地好受些，可是那毕竟只是一种思维上的存在，永远无法在现实中证明。

请不要当一个一直舔舐着自己鲜血的北极熊，为了一个错误的目标耗尽了自己的生命。没有什么东西是不能失去的，上天给我们关了一扇门，定会再我们开一扇窗。面对挫折与背叛，我们应该奋起直追，抓住机会，而不是一味地幻想与自我安慰。明明知道这样的自己很不现实，可还是一直沉浸在幻想的世界里，直至丧失了重新站起来的机会。就好比北极熊一样幻想着自己找到了一块永远也吸食不完的食物，在吃得津津有味的时候殊不知已经断送了自己最宝贵的生命。

透明的玻璃杯不小心打碎了，看着一地的碎片，我们谁知道这个杯子再也不能用了，就算勉强地粘起来，也定会有永远无法愈合的裂痕。

生活是一部时刻都在进行直播的连续剧，只能往前走，不能回头看。长路漫漫，我们有太多的遗憾注定无法实现，有太多的残缺也注定无法弥补。遗憾与残缺并不可怕，因为完美的东西不仅难得而且更加易碎。

对于一些道理，人们总是明白得晚了些。有的人注定要在你的生命里消失，因为他们只是上天安排来，伴随你共同行走某一段路途的过客，即使中途离去，我们也该心怀感激。是你的，永远是的，不是你的，怎么也强行不来。过去的就是过去了，不要执着于不可能实现的事情，与其痛苦地回忆幻想过去，不如好好把握现在，开心地生活。

人生不能重来，假想也就无从验证，要想人生精彩，靠的不是想象而是实干。只要把每次的苦难与挫折当成是磨炼，再伴有一颗开阔明朗的心，那么就一定能感受到春光的明媚、夏草的晶莹、秋叶的厚重与冬日的宁静，体验到各种不完美人生中的完美。

4. 尽人事，听天命

经常听到老人家说"生死有命，富贵在天"。好像人的一生中是成是败，多少都有着一番天意的指引。无论你对眼前的结果黯然神伤，无奈接受，还是奋起抵抗，最终都会有接受现实的命运。

当然了，也会有人说"人定胜天"，可是要同命运抗争，必先知其可为之而为之，如果不可为而为之，那么只能是偏执妄为，背天道而行之。

诸葛亮曾经说过，"谋事在人，成事在天。不可强也！"这句"谋事在人，成事在天"，听起来消极悲观的情绪里也掺杂着些许的无奈，但它却真真切切地道出了人生路途中的至深哲理。没有人能够清晰地把握今后的整个人生，有条不紊地做好每一件事情，所以才会有塞翁失马，焉知非福的说法。

有的人为了达成一个目标，深思熟虑，费尽心思，千般算计，殚精力竭。能做的都做了，等待喜迎硕果的时候却突然半路杀出个程咬金，所有的努力转眼全都白费，心中的筑起的高楼也瞬间坍塌，正所谓"万事俱备，只欠东风"，可是东风将我们拒之门外，我们能够面临的也只有功败垂成，前功尽弃。

很多人忙忙碌碌一生，一辈子勤奋刻苦、埋头苦干，可是到头来却还是贫困潦倒，未获成功。他们会喊苍天不公，命运不义，诚然有时候苍天就是不公，每一个人都好像是上帝手中的一个苹果，你色泽光鲜、体态圆润，他就会更愿意眷顾你。就好比，有的人脚踏实地，认真刻苦，可是几年下来却还是默默无闻，小工人一名；可是有的人，懒惰无能，却溜须拍马，再加上一定的社会关系，不久以后金钱地位一样却都少不了。一个农夫一年没有比尔·盖茨一天赚得多；苦读多年的大学生没有一个不务正业却有干部亲戚的人爬得高，此类例子数不胜数。如果仅仅因为这个而愤愤不平，终日心绪不安，那生活的意义就完全变质了。

"尽人事，听天命"说的是我们要尽最大的努力去争取，去拼搏，面对途中遇到的坎坷我们要总结，面对曾经犯下的错要悔改，就算结果不如意，我们也不曾遗憾，顺其自然，面对现实。正如庄子所言："依天从命，因顺自然。"所谓的"听天命"当然不是要我们不努力不操劳，整天卧于家中坐以待毙，而是要调整心态，理智的接受不能改变的现实，重新整装待发。诸葛亮虽然仰叹"谋事在人，成事在天"，但他仍然"鞠躬尽瘁，死而后已"，这正是我们需要学习的精神。

由此可见，无论面对什么事情，如果我们能力尽人事，安于天命，那么我们每个人都会拥有一份乐观豁达的人生。上至苍天，下至陆地，人是极其微小的生物，如果只靠我们自己的力量想做成所有的事情，并都以成功收尾，那并非容易之事。因此，如果一件事情我们想做并做成了，那是天道酬勤，我们应该感谢上苍的恩赐；如果失败了，那也只能说是天公不作美，就当作是上苍给予我们的一次考验吧。

所以有时候，"尽人事，听天命"也是一剂很好的心灵良药，只要我们尽力了，问心无愧了，那么无论结果如何我们也都不会再懊恼与忏悔了，很多琐碎的压力也就自然而然消失了。怨天尤人不可取，只要心存高远，那么无论成败，我们都是当之无愧的英雄。

其实很多时候，生活就像一个顽皮的孩子，总喜欢与我们躲躲藏藏，玩玩闹闹，看似阴晴不定的样子，却时不时地还变着花样给我们一些小惊喜。一些看起来很好的事情，往往不那么好；而那些看起来似乎不怎么样的，偶尔却会有意想不到的收获。面对这种情况，我们只需要做好自己就行了。

有很多事情的发展都会受到一些不可抗力的影响，就像马上就要建好的楼房一夜之间遭遇海啸，看着到处散落着高楼的废墟，难道能怪辛勤的建筑工人不努力吗？还有一些事情，他注定着成功就不在乎你是不是真的很努力，就像两个人同时买彩票，一个人整天投资研究，最后却只中个千百块钱，而另一个随性的买了一张玩，硬是中了几千万，这个功劳又能归咎于什么呢？

因此，成功不仅仅是靠"努力"这一个因素就能促成的，而是由很多自身条件、外部机遇等种种因素共同决定的。当然了，这其中，更多人相信的是"命运"。

我们身边的很多人都相信命运的存在，可是却不明白命运固然存在，可是有时候部分的命运也是自己造成的。正所谓"心想事成"，心里经常想好事，机缘合适了好事自然就会来了。可是整天杞人忧天，盘算着什么时候会不会有大难临头，总是这样难免麻烦会登门拜访。我们的"心"造就了我们运气的时好时坏，只要我们心不作怪，好念头常在，那么好运气也会日日光顾我们的。

我们经常听到有人说："我若有一个当大官的父亲就好了""我若能有一个有钱的丈夫（老婆）就好了""假如我不是残疾人就好了"，还有"假如当初我好好上学就好了"……太多的假如，没有任何存在的意义。我们必须正确对待，既然你就生在了这个没有权势和富贵的家庭，你就不可能再造一个当官的父亲；多年的相识相知，情缘已定，那么你就不可能再变个有钱的丈夫或老婆，你的身体和学历已成事实，再多的懊悔与幻想也无济于事。

所以我们要正视现实，脱离幻想，总结自己的不足，后天弥补，珍惜时间，从新开始，争创人生新高。如果自己不努力，不但改变不了自己，而且还要影响自己的下一代，到时候恐怕你的子女也会说：我要是有个好父母就好了。所以为了自己和下一代，我们必须努力。

一年有四季的交替变换，每天也都有阴晴不定、变化莫测的气候转化，人生更是如此，相爱已久的情人最终因为家庭的阻力，离自己而去；拼搏已久，蓄势待发，临上战场却因病被取消资格；公司运营平稳，上下员工团结一致，忽如其来的金融危机让我们不得不依靠裁员来降低财政出……一切的一切无一不告示着我们无论做了多么充足的准备，无论积攒了多少能量，有些东西就是来得让我们措手不及，让我们无可奈何。

不尽人事，焉知天命，而尽人事，好则欣喜，坏则坦然接受，只有走过了，看过了，我们才会明白——最美的风景不过是每次的"路过"。

5. 放手，是人生的一堂必修课

在一家公司的招聘考试中，主管给每位参加面试的人出了一道这样的测试题：

在一个暴风雨的晚上，你开着车经过一辆公交车站。看见有三个人在等公交车，一个是一个生病的老人；一个是曾经救过你命的恩人；一个是你心中梦寐以求的梦中情人。现在你的车里只能坐一个人，你会选择谁搭你的车呢？

每一个选择似乎都有他的道理，选择老人的是有爱心，选择恩人的是有感恩，选择梦中情人的是追求爱情，每一个都没有错，

216

但是每一个似乎又都有点遗憾。

结果出来了，在所有的应征者中，只有一个人的答案让主管眼前一亮，他是这样写的："我会把车钥匙交给那个救命恩人，让他开车送老人去医院，然后我留下来陪自己的梦中情人等公交车。"多么完美的答案！

为什么其他人没有想到这个答案呢，因为所有的人都没有想到要舍弃自己的车钥匙，就像我们生命中的很多选择，我们在左右比较中患得患失，想着怎么选能让自己的损失降到最低，却从来没有想过、尝试过扔掉手中的优势。

就像当你犹豫不决的时候，通常扔硬币来决定自己的选择一样。其实，并不是扔硬币这件事能够帮你决定，而是当硬币脱手的那一刹那，你心中已经知道自己的选择是什么了。但大多数时候，真正的答案恰恰是在你放手的时候，才会清晰地显明出来。

古语说："天下万物生于有，有生于无。""常无，欲以观其妙；常有，欲以观其徼。"人生就是一个不断失去的过程，青春、健康、美貌、生命……都不是长久的，终有一天，它们会以各种形式离你远去，但你不必留恋，在失去它们的同时，你会得到人生的经历，深厚的阅历和精彩的一生。

没有什么东西会白白失去，也没有什么东西会白白得到。在人整体的生命中，虽然有时候会有高峰，有低谷，但能量始终是守恒的。

有些人不明白这个道理，他们喜欢的东西就一定要得到，甚至不择手段地达到自己的目的。最后，他们可能真的得到了。但在他追逐的过程中，却一定会付出比得到的更大的代价，这个代价是得到多少东西也无法弥补的，这就是强求的代价。

有时，喜欢的东西不一定要得到。强求一件东西并使它留下来，是一件很累的事。很多年轻人都经历过失恋的痛苦，当爱人离去，梦想破碎，那种心里的痛确实很难排解。但是此时的爱究竟是爱还是一种不甘心，恐怕当事人本身也无法参透。有些人为了留住爱人的心，更是将自己降到了尘埃里，用自己的自尊做赌注，妄图挽回爱人的心。但是一个人不爱了，就是不爱了，面对一个不爱你的人，你怎么做都是错。此时，主动放手，其实是对自己最大的解脱。

要知道，有些人和有些东西是"只能远观，不能近瞧"的，即使你得到了，也会在有一天发现，其实他并没有你想象地那么美好，而你放弃的东西才是你生命中最最重要的。这个世界上，没有什么东西是"非要不可"的，如果你的心里正有一件"非要不可"的东西，想一想是什么原因让自己如此地执着，它真的值得你这么做吗？

所以，学会让自己的生命主动归"无"。如果你的生命总是处于一种饱和的状态，就永远不会有新的东西产生。而主动放手一些错误的东西，让生命留出一个缺口，就是给自己留了一扇希望之窗，才会拥有源源不断的活力。

假如你现在已经连续一个月处于郁闷的状态，身体透支、工作劳累，或者连续几周没有像样的独处，没有和朋友们聚会，没有好好睡一觉的话，就是你的生命中到了放弃一些东西的时候了。但是，如何鉴别生命中什么样的东西是错误的，需要放弃；什么样的东西是正确的，需要坚持呢？

首先，你需要弄明白，自己无法放弃的这个人或这件事，自己坚持的理由是什么？是发自内心的喜欢，还是不甘心被扣上"半途而废"的帽子，亦或者是不想浪费之前付出的时间和精力？

如果是因为不想浪费之前付出的沉没成本，也就是你无法收回的一些精力，而你也意识到，自己的坚持可能不会得到回报，或者自己的回报远远抵不上自己的付出的话，主动放手是此时最正确的选择。

不管是一份你已经习惯、但是毫无希望的"鸡肋"工作，还是一个食之无味、弃之可惜的"鸡肋"男友，也不要管它是否占去了你最美好的青春年华——已经过去的事，已经无法改变，你能改变的只有现在。现在不放手，只会给自己带来更大的灾难。

如果你已经看到了自己需要放手的东西，就要确立明确的自信，将自己决定放弃的理由写下来，告诉自己：这个问题我已经决定了！一旦你决定主动放手，就不要再纠结于过去的沉没成本，将眼光放到未来需要做的事情上。千万不要一天一个主意，将自己纠结得更加痛苦。

主动放手的另一层含义，就是不要一根筋，非要秉着"不撞南墙不回头"的决心，一条道走到黑。要知道"轻言放弃是弱者，不言放弃是愚者，而懂得如何放弃才是智者"。

有一个寓言故事，两只蚂蚁要到墙的另一边去寻找食物，但是墙太陡了，它们反反复复了数次，都没有成功。其中一只蚂蚁看到这种情况，便放弃了爬墙的策略，而是顺着墙角绕到了墙的那一边，将食物吃完了。等那只"不屈不挠"的蚂蚁终于翻过了墙的时候，那边已经没有食物了。

生命中需要坚持，更需要学会正确的放手。因为只有勇敢舍弃不合适的目标，才能集中精力，找到更正确的方向。只要你没有占有之心，生活就不会太坎坷。

不管为了喜欢的一样东西也罢，喜欢的一个位置也罢，与其让自己被不合适的东西所牵累，不如轻松地放手。如果这件东西是你的，它有一天就会回头来找你。与其用一个错误的时间去消耗它，不如等一个正确的时间去重启它；如果这件东西不是你的，放弃更是最好的决定，你会得到比现在更好、更合适的下一个。

放手，是人生的一堂必修课。你今天放弃了，明天会有更好的走进你的生命。你今天得到了某种东西，也会失去原本属于你的东西。"有"和"无"不是对立，而是共生的关系。所以，

就像老子告诫我们的，要保持自己的虚空，不要太重视世间的
"有""无"。

　　如果此时此刻，你生命中有一些你认为很重要的东西，正在
被你放弃或者正在离你而去，请保持一个淡定的心态，不要让自
己放弃生活的快乐，因为只要活着，生活就有希望。

第2章

不以心情好坏来做事

1. 只有糟糕的心情，没有糟糕的事情

很多时候我们可能会觉得祸事连连，整个人生都倒霉透顶了，这个时候一定要及时地调整好自己的心情，不要让坏心情把你有条不紊的生活搞乱。

阿廖沙是个犹太人，在纳粹时期被关进了德国某集中营。于是他的灾难接踵而来，先是被囚禁在德国的某集中营，然后接二连三地辗转各地，甚至被囚在奥斯维辛长达半年。在那样恶劣的环境下，他从仍旧对生活充满信心觉得自己有朝一日终将能逃出这个鬼地方。

在纳粹营地里面，那些看起来病快快不能工作的人就会被送到毒气室，为了让自己的面色看起来红润健康，他每天都坚持刮胡子，不让自己邋里邋遢病快快，因为这样可以让他看起来精神很多。哪怕是身体衰弱到不行，他每天也会用一片破玻璃当作剃刀，把自己搞得看起来很精神。这样他就能逃脱去毒气室的命运。

厄运不断，在奥斯维辛非人的折磨，让他的身体一度很差，于是他开始考虑如何从这个鬼地方逃出去。这里的生活真的艰苦极了，每天2片面包和3碗稀麦片粥，再加上超身体负荷的工作，实在让正常人无法忍受。

　　阿廖沙边工作边考虑如何逃走。同室的伙伴都嘲笑他异想天开，在奥斯维辛这个地方防守重重，怎么能逃得出去。还有善良的工友奉劝他老老实实干活，这样德国纳粹党还能给他留点活路，兴许还能让他多活几天。

　　阿廖沙依然坚信自己会从这里出去，机会终于来了，有一次阿廖沙和同伴被带到外面的野外干活，忽然他发现了不远处的一堆赤裸死尸，脑袋一下灵光乍现，为何不依靠这些死尸逃脱出去呢。于是，在夜晚即将来临的时候他趁乘人不注意迅速地钻进了大卡车底下，和那些死尸一样把衣服脱光，顺利地爬到了死尸上。他开始假扮死尸，他知道如果这次胜利，他完全就能逃出纳粹的魔爪。身旁的尸体散发出阵阵的恶臭，还有一些已经开始腐烂的尸体，周围苍蝇满天飞。他都咬牙一动不动，在外人看来跟死尸无异。就这样卡车开到荒郊野外，他和尸体一起被扔下卡车。直到深夜，他确信周围无人，才从死尸堆里爬出来光着身子一口气跑到很远很远的地方。

　　阿廖沙终于从纳粹的魔窟逃脱出去，这不得不说是一个奇迹，后来他对身边的人说："无论我们处于何种境地，我们都要相信这些都是会过去的，态度很关键，心情很重要。"

　　在很多成功者的眼里，世界总是美好的。因为他们具备快速调节自己心态的能力，良好的心情是助他们成功的利器，他们总是对未来信心百倍，总是可以从卑微的角落看到伟大的契机，成功也会离他们越来越近。就像阿廖沙那样，即使在死亡面前也能充满活下去的希望，从不气馁。

　　当我们心情不好的时候，常常会带着怒气去做事，甚至会把坏情绪带给身边的人。其实这样做我们能得到什么，得到的不过是别人的厌恶反感而已，与其增加一个敌人，不如整理好心情，多做些有益的事情，当状况不好的时候，发怒只会把事情带向更糟糕的方向。

　　人的情绪很容易受到周围环境的影响，那是应对事物的正常反应。但是当坏情绪出现的时候，我们要学会控制自己的情绪变化，把坏心情变成好心情，以保证接下来工作的顺利完成。相反的情况，如果一个人的情绪无法很好地控制，将会出现一系列的情况。整个人无法集中起精神来，老想着不好的事情，工作效率就会极其低下。情绪控制不好，有时候还会影响到自己的前程。

　　张强是一家公司的职员，工作一直是兢兢业业，给大家留下了极好的印象与口碑。在待人接物上更是处理得很好，同事和上司对他的评价很高。从来没有人见到他跟别人红过脸。这样的表现自然为他赢得了很好的声誉。同事们和领导更是对他刮目相看，认为他的前途无可限量。

　　可是后来发生了一件事情，让大家对他的印象骤然下跌，更是影响到了他的前途。有一次不知道是因为什么原因，他跟公司的诸多领导争吵起来，这是大家第一次看到他大发雷霆，同事和领导都惊讶不已。原来张强也是一个坏脾气的人啊，从这次事件之后，大家跟他的交往变得小心翼翼起来，他的声誉更是一落千丈。不能很好控制自己脾气的结果就是在公布的一个晋升名单里，原本有他的名字，后来就被领导抹掉了。领导解释是这样的，我们需要的是成熟稳重的管理层，一个连自己的情绪都无法控制的人，试问怎么能去管别人呢？

　　从这里我们可以看出，情绪是需要控制的，如果我们不及时地控制，就会引来不好的恶果。张强只是逞了一时的言语之快，却为此付出了极大的代价，这样看来其实是得不偿失的。所以，当我们觉得怒气已经无法平息即将要爆发的时候，请你考虑下发怒的后果，可以为你带来什么。这样会不会让别人觉得你是一个脾气暴躁的人，会不会事后损害自己的利益，如果发怒的结果只是把事情推向更糟糕的方向发展，那么我们为何不能做到控制自己的情绪，把握好自己的情感呢？

　　当别人向我们发怒时，我们内心里总是憋着一股气忍不住要去反驳，有时甚至比他更愤怒。可是等我们平静下来的时候回想下，双方的争执能带给我们什么，这样做只会让双方陷入更加不理智

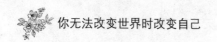

的局面，事实上，要想打倒一个愤怒的人，你只要冷静就好。

2. 热忱之心是做事成功的保证

当遭遇失败、悲伤、悔恨、恐惧、痛苦的时候，人们首先想到的是逃避，可是事实证明逃避解决不了任何问题。

查姆斯是某公司销售经理，在他任职期间有些居心叵测的人散布公司要倒闭等等谣言，搞的公司上下人心惶惶，尤其是销售部门，销售业绩直线下滑。

查姆斯看到了情况的严峻性，于是紧急召开会议，讨论业绩下滑的原因。销售人员七嘴八舌地讨论起来，有的说是因为现在的经济大环境不景气，有的说是因为上层领导部门给的广告预算太少，还有销售人员说跟我们无关，是由于消费者的需求量慢慢降低造成的……理由五花八门。

激烈的讨论还在继续，没有停下的趋势。忽然查姆斯做了一个噤声的手势，对大家说："停，我们先暂时停一会儿，我的皮鞋太脏了，我要把它擦亮。"销售员一头雾水不知道查姆斯葫芦里面卖的什么药，纷纷看着查姆斯，小声议论起来。公司负责擦鞋的小工友专业熟练，在众人面前更是表现最专业的擦鞋技巧，不一会儿皮鞋就被擦得锃光瓦亮。

皮鞋擦亮之后，小工友接过查姆斯递给的一角钱，道完谢谢之后转身离开。查姆斯开始继续他的演说。他说："你们看到没有，这个小工友擦鞋技术专业，虽然每双只收一角钱，可是全公司的皮鞋都是他一人在擦，他每月有成千上万双皮鞋擦，也就有很多的钱赚，可是在他之前有另一个男孩，年龄比他大，跟他一样的情况却连基本的生活费都赚取不来，还要每天向公司抱怨无钱可赚，最后离开公司。你们现在开始思考下，出现这种情况，是公司的问题还是个人的问题？"推销员不约而同地说："肯定是那男孩的问题。"

查姆斯答道，"那现在我们回到我们的销售业绩问题上，今年的这个时间跟去年的这个时间所有的情况是完全相同，连地区、对象，甚至商业条件都是一样的，我们再来看下今年的销售业绩比去年下跌至一半，这到底是谁的问题呢？是你们的问题，还是顾客的问题？"

推销员又齐声说："是我们的问题！"

查姆斯看到大家已经明白了他的用意，声音变得温和起来，说道："我很高兴你们能认识到自己的错误，这是一个好的开始，我知道你们是听到了一些关于公司的不好传言，这才影响了你们销售热情。现在我要明确地告诉大家，公司的利益和大家利益是捆绑在一起的，你们多努力，公司就会发展，反之公司就低落，公司的命运是跟大家连在一起的。所以你们要努力，你们能做得到吗？""做得到！"员工们听了查姆斯的话一起大喊起来，他们似乎有了更强的信念。后来他们果然不负众望，公司的业绩连连攀升，甚至突破了往年纪录。

成功的路上注定充满着荆棘与坎坷，没有谁会一帆风顺地到达终点。如果我们在路上遇到一点挫折就痛哭流涕，觉得人生失意灰暗，自暴自弃，那么我们将永远无法抵达胜利的彼岸。当困难出现的时候，我们唯一可以做的就是想尽一切办法克服困难，解决问题，让自己走得更远。

当我们失败的时候，我们常常会悲伤，为什么我们没有成功，如果长此以往，注定永远不可能成功。有句话说，未成功的人没有悲伤的权利，这就要求我们不断地前进，失败来临的时候不要悲伤不要气馁，打起精神来，带着热忱重新找到奋斗的目标，这样才不会失去了前进的方向。

有个年轻人大学刚毕业后的好长一段时间都郁郁寡欢，因为他没有找到适合自己的工作，整个人常常一言不发，心情消极到了冰点。有一天他一个人在雨中慢慢地走在乡间土路上，这样场景他又开始难过起来，忽然他走到了一座土窑前，土窑里有一位老人在烧窑。当年轻人走过去的时候，那位老人忽然抢起一根铁棍，将一大堆刚刚出窑的瓦罐敲得粉碎。

年轻人诧异极了，便开始问老人："这不是你刚刚烧的新品吗？为什么要全部打碎？"老人看了一眼年轻人，不紧不慢地说："是我刚刚制作的，可是它们由于我的火候没掌握好，有小瑕疵，不是我想要的。"年轻人瞬间觉得非常惋惜："可是这些物品也是你花费了许多心血的，你一下子把它们全部敲碎，你不会觉得惋惜难过吗？"

老人若有所思的样子，看了一下满地的碎片长叹一声："是啊，那是花费我心血的，可是它们不是完美的作品，在未完成完美的成品前，我没有那么多的时间去悲观、去惋惜。我相信有了前面的经验，下一炉我肯定会烧得更好。"说完这些话，老人就开始从头做起来，雨越下越大，老人在雨水中慢慢地做起泥坯来，认真的样子让年轻人动容。他忽然联想到了自己，我为什么不能像这个烧窑老人一样拥有成功的信念呢？

老人对于烧制瓦罐的热忱激励了年轻人，于是年轻人下定决心，他开始对人生有了详尽的规划，不再每天把时间浪费在失意悲观上，而是要发誓走出一条属于自己的道路。年轻人一直努力拼搏，再加上他良好的信念，终于小有成就。多年后，他终于有了一家属于自己的公司，从一个找不到工作的年轻人，再到公司的老板，正是这种不服输的精神一直在鼓励支持他。

换个方向思考，如果这位年轻人一直低头只顾着悲伤，原地停留，肯定不能有后来的成就，所以，我们要时刻对自己说，我们要前进，我们要成功，在未成功之前我们没有悲伤的权利。所以我们要尽量调整好自己的心态，哪怕失败了只需从头再来。相信自己，给自己前进的动力，全力以赴奔向我们的人生目标。

3. 挫折从来都不是穷途末路

　　人生在世，免不了要遭受挫折或不如意。而敢于面对挫折或不如意的事情，是重新振作起来的首要条件。这里所谓的挫折或不如意，是指那种造成了巨大痛苦的事件和境遇。它包括个人不可抗拒的天灾人祸，例如遭遇乱世或灾荒，或危及生命的重病乃至绝症，挚爱的亲人死亡，也包括个人在社会生活中的重大挫折，例如失恋、婚姻破裂、事业失败。有些人即使在这两方面运气都好，未尝吃大苦，却也无法避免那个一切人迟早要承受的挫折或不如意——死亡。因此，如何面对挫折或不如意，便是摆在每个人面前的重大人生课题。面对挫折或不如意就要享受挫折或不如意，这是成功者应具备的一个最基本的心理素质。将挫折或不如意看成是穷途末路，还是看作是成功的动力，对一个人今后成功与否有着深远的影响。

　　我们忙于琐碎的日常生活，忙于工作、交际和娱乐，难得有时间想一想自己，也难得有时间想一想人生。可是，当我们遭到厄运时，我们忙碌的身子停了下来。厄运打断了我们所习惯的生活，同时也提供了一个机会，迫使我们与外界事物拉开了一个距离，回到了自己。只要我们善于利用这个机会，肯于思考，就会对人生获得一种新眼光。古罗马哲学家认为逆境启迪智慧，佛教把对挫折或不如意的认识看作觉悟的起点，都自有其深刻之处。人生固有悲剧的一面，对之视而不见未免肤浅。当然，我们要注意不因此而看破红尘。我相信，一个历尽坎坷而仍然热爱人生的人，他胸中一定藏着许多从痛苦中提炼的珍宝。

　　其实挫折或不如意不仅提高了我们的认识，与此同时也提高了我们的人格。挫折或不如意是人格的试金石，面对挫折或不如意的态度最能表明一个人是否具有内在的尊严。譬如失恋，只要失恋者真心爱那个弃他而去的人，他就不可能不感到极大的痛苦。但是，同为失恋，有的人因此自暴自弃，萎靡不振，有的人为之反目为仇，甚至行凶报复，有的人则怀着自尊和对他人感情的尊重，默默地忍受痛苦，其间便有人格上的巨大差异。当然，每个人的人格并非一成不变的，他对痛苦的态度本身也在铸造着他的人格。不论遭受怎样的挫折或不如意，只要他始终警觉着他拥有采取何种态度的自由，并勉励自己以一种坚忍高贵的态度承受挫折或不如意，他就比任何时候都更加有效地提高着自己的人格。

凡挫折或不如意都具有不可挽回的性质。不过，在多数情况下，这只是指不可挽回地丧失了某种重要的价值，但同时人生中毕竟还存在着别的一些价值，它们鼓舞着受苦者承受眼前的挫折或不如意。譬如说，一个失恋者即使已经对爱情彻底失望，他仍然会为了事业或为了爱他的亲人活下去。

第二次世界大战时，有一个名叫弗兰克的人被关进了奥斯维辛集中营。凡是被关进这个集中营的人几乎没有活着出来的希望，等待着他们的是毒气室和焚尸炉。弗兰克的父母、妻子、哥哥确实都遭到了这种厄运。但弗兰克极其偶然地活了下来，他写了一本非常感人的书讲他在集中营里的经历和思考。在几乎必死的前景下，他之所以没有被集中营里非人的挫折或不如意摧毁，正是因为他从承受挫折或不如意的方式中找到了生活的意义。他说得好：以保持尊严的方式承受挫折或不如意，这是一项实实在在的内在成就，因为它证明了人在任何时候都拥有不可剥夺的精神自由。事实上，我们每个人都终归要面对一种没有任何前途的挫折或不如意，那就是死亡，而以保持尊严的方式承受死亡的确是我们精神生活的最后一项伟大成就。

和快乐一样，挫折或不如意也毫无疑问是上帝给人生的恩赐，但是，它对一个人品格的磨炼却比快乐要大得多。它磨炼和美化人的个性，教给人以耐心和服从，提升出最深邃和最高尚的思想。

"曾经在地球上生活过的最优秀的人，必定是曾经遭受过挫折或不如意的人，他温顺、柔和、耐心、谦逊而又精神平静，这种人才是在地球上曾经生活过的第一个真正的绅士。"

挫折或不如意或许是命运设定的手段，通过挫折或不如意就可以磨炼和产生出品德高尚的人。假如幸福是人生的目标，那么悲伤就是达到这一目的所必不可少的条件。

其实痛苦也并不完全令人讨厌。一方面，它与挫折或不如意相亲相爱，另一方面，它又与幸福比邻。痛苦和悲伤一样，都是手段。挫折或不如意从一方面看，它是一种不幸；但是从另一方面看，它又是一种磨炼。如果没有挫折或不如意，那么人性中最好的部分会酣睡不醒。实际上，我们可以说：痛苦和悲伤是一些人获得成功的必不可少的条件，也是刺激他们的才能发育成熟的必不可少的手段。雪莱曾经以诗的语言说道：

"最为不幸的人被挫折或不如意抚育成了诗人，他们把从挫折或不如意中学到的东西用诗歌教给别人。"

挫折或不如意往往是经过化装了的幸福。"黑暗并不可怕，"一位波斯圣哲指出，"或许，它隐藏着生命之水的源头。"挫折或不如意往往是令人心酸的，但它是有益于身心的。唯有经过它的教导，我们才能够学会承受，才能够变得坚强。最高尚的品格是通过挫折或不如意磨炼出来的，品格通过挫折或不如意变得完美。一个富有耐心而又善于思考的心灵，从极度的悲伤中所获取的智慧也要比从欢乐中产生的智慧丰富得多。

4. 没有过不去的坎坷，不因一时落魄而沉沦

小时候，我们每个人都有过各式各样的梦想，有的人想当医生，有人想当科学家，有的人想当宇航员等等，但是，能将自己幼年的愿望真正付诸实践的人，却是少之又少。只怕很多

人现在回想起往日的愿望，只会觉得幼稚和可笑罢了。而那些曾经的理想，之所以没有实现，有的是因为客观原因不允许，有的是因为自己的主观期望过高，但更多的是没有实现自己目标的勇气和毅力。

在《传家宝·俗谚》中，有这样一句俗语叫"有志不在年高，无志空长百岁"。意思是，有远大志向的人不在乎多大的年龄，心中没有志向和理想的即便是活到百岁也是白活。但是这个心中的志向并不是说说而已，而需要你付出百倍的努力和坚持，否则那就不是志向，而是空想。

"晚上想想千条路，白天起来走原路"，是我们很多人的生存状态。我们不满意自己的生活，想做出改变，但每天立志，却每天都又推翻自己的想法，没有一个能够坚持下去的，这就不是真正的有志。

老子说："知人者智，自知者明。胜人者有力，自胜者强。知足者富，强行者有志，不失其所者久，死而不亡者寿。"意思是，能了解、认识别人叫作智慧，能认识、了解自己才算聪明。能战胜别人是有力的，能克制自己的弱点才算刚强。知道满足的人才是富有人。坚持力行、努力不懈的就是有志。不离失本分的人就能长久不衰，身虽死而"道"仍存的，才算真正的长寿。

其中，一句"强行者有志"，就概括了老子对我们的忠告。一个人要想有所成就，光有目标是不行的，还要有走下去的恒心和毅力。有句话说"如果你感到现在的生活很艰难，那么恭喜你，因为你是在上坡"。每个人都喜欢玩，喜欢休闲娱乐，但是为了达到自己的目标，我们必须放弃一些肤浅的欲望，将精力放在真正重要的事情上。

所以，老子说"强行者"，何谓"强"？就是过得了要过，过不了也要过。这是一个战胜自己内心欲望的过程。但是这个过程确实异常的艰难。很多时候我们一天只能改变一点点，还没等量变引起质变，我们就在心里放弃了改变的意图。所以，人类最强大的敌人其实是自己，最大的对手也是自己，这句话说得一点儿也没有错。

在《七真传》中，记载了一个丘处机当年的故事。传说丘处机在当年出道以前，一直潜心修道，盼望自己能有一番大的成就。在一次游历的路上，他遇到了一位非常善于算命的术士，便请那个人给自己看上一看。那个人看了丘处机的面相后，摇了摇头，说他将来会冻饿而死。丘处机信以为真，想：既然这辈子命中注定要饿死，那还不如早死早托生，等下辈子再来修道，于是决定自我了断，去绝食自杀。

第一次，他选在了一个河边绝食，但是突然在一天夜里发了洪水，一个水果被水冲到了他的嘴边，他没有死成；第二次，他跑到高山上一个破庙里想绝食而死，就在他奄奄一息的时候，破庙来了一伙强盗。其中一个强盗的头目说，自己要改邪归正，从此只做好事，不做恶事了。然后，他看见了墙角快要饿死的丘处机，便强行将他救活了，这次又没有死成。第三次，丘处机下了决心，一定要死。他在一个悬崖上将自己牢牢地锁上，闭上眼等死。这时，天上的太白金星来点化他，问丘处机："你为什么要死？"丘处机说："算命先生说我命中该饿死，那我为何不干脆早点饿死呢？等转世轮回再来修道。"太白金星哈哈大笑说："枉你是个聪明人，为什么不知道'相好不如命好，命好不如心好'这句话呢？"

丘处机恍然大悟，便放弃了寻死的念头，下山云游天下，广做善事。过了几年，他又遇到了当年那个算命先生，便请他来为自己再算一卦。这次，算命先生大吃一惊，说："你的面相已经大变，前途无量，前途无量啊！"

每一条成功的路都不是一帆风顺的，除了一些少数人天赋异禀之外，其他的人的资质也都大致相同，但为什么在几十年之后，却有人实现了目标，有人没有呢？原因不在于运气，就在于我们每个人付出的坚持和努力是不同的。

　　法国大作家巴尔扎克，在他年轻的时候，决心从事文学创作。但是，对于他的这一想法，他们全家都不同意，认为他不是从事写作的材料。由于他的坚持，父母同意给他一年时间，提供他一切方便，让他从事写作。

　　一年过去了，他什么也没有写出来。父母不再支持他，让他自力更生，自谋出路，他在极其贫困和艰难的情况下，还是坚持自己的梦想，终于写出了号称《人间喜剧》的100多本小说，使他跻身于世界最著名的伟大文学家之列。他的《人间喜剧》被恩格斯认为"其所反映的法国社会，比当时所有历史学家、经济学家、统计学家、社会学家所有著作的总和还多"。

　　不管做什么事，我们都不能保证百分之百的成功，但却都要付出百分之百的努力。否则，即使你有天赋的才华，也会像《伤仲永》中描写的少年仲永一样"泯然众人"。

　　人生之路注定布满荆棘和坎坷，消极懦弱的人注定要与成功擦肩而过。面对看不见尽头的每一条路，只有一条我们一定不能选择，那就是放弃的路。人如果丧失了幻想和期望的本能，那么就如同一只被绑住了翅膀的小鸟，永远不能再次在高空中翱翔。

　　信念有时候就像一面闪亮的镜子，它可以使我们无论面对什么，都一直保持一份明朗的心情；信念也更像一个导航标，可以指引人的心路。只要心怀信念，那么困惑时我们必定还会再次看到柳暗花明，伤心郁闷时也会豁然开朗。

　　在人生前行的道路上，我们一定要有自己伟大的志向和源源不断的斗志，有了信念的驱动，然后脚踏实地地埋头苦干，那么未来的生活必将精彩无限。法国作家小仲马曾经说过这样一句话："人生真美好，只是看你戴什么眼镜去观看。"有梦就有希望，梦想成就未来。要知道"体人生百味即是乐，若非如此，死赴极乐亦是苦"的道理。

　　"有志者，事竟成，破釜沉舟，百二秦关终归楚；苦心人，天不负，卧薪尝胆，三千越甲可吞吴。"未来的成功永远只属于坚持不懈、心中藏有坚强信念的人。

　　人生只有经历了伤痛才会知道苦尽甘来的滋味，只有体会了悲喜交加的复杂心情，才能对生活再次充满希望。所以，永远不要说放弃，永远不能说放弃。如果你认定了目标，不管前面有什么样的高山险阻，都要坚定志向，即使失败了，也有从头再来的勇气。

第 3 章

凡事往好处想

1. 消极的人受环境控制，积极的人控制环境

塞尔玛陪丈夫驻扎在沙漠的陆军基地里。她丈夫奉命到沙漠里去演习，而她一个人留在陆军的小铁皮房子里，天气热得受不了，即使在仙人掌的阴影下也感受不到一丝的凉爽。她没有人可以聊天，只有墨西哥人和印第安人，而他们又不会说英语。她非常难过，于是就写信给父母，说要丢开一切回家去。她父亲的回信只有两行，这两行字却永远留在她的心中，完全改变了她的生活："两个人从牢中的铁窗望出去，一个只看到了泥土，而另外一个却看到了星星。"

塞尔玛反复读这封信，觉得非常惭愧，她决定要在沙漠中找星星。塞尔玛开始和当地人交朋友，他们的反应使她非常惊奇，她对他们的纺织、陶器表示感兴趣，他们就把最喜欢的但舍不得卖给观光客人的纺织品和陶器送给了她。塞尔玛研究那些令人入迷的仙人掌和各种沙漠植物，又学习有关土拔鼠的知识。她观看沙漠日落，还寻找海螺壳，这些海螺壳是几万年前，当这沙漠还是海洋的时候留下来的……原来难以忍受的环境变成了令人兴奋、流连忘返的奇景。

沙漠没有改变，印第安人没有改变，但是这位女士看问题的角度却发生了改变。这种改变使她把原先认为恶劣的情况变为一

234

生中最有意义的冒险。她为发现新世界而兴奋不已，并为此写了一本书叫《快乐的城堡》的书。她从自己曾经待过的"牢房"往外看，终于看到了满天的星星。

很多时候，人们都带着消极的情绪看世界，看到的全都是黑暗的一面，看不到丝毫的光明。就像压力一样，压力也并不是一无是处，而是分为良性压力和负面压力两个方面，如果你能找到压力的转化方法，压力就能真正变成一笔值得珍藏的财富。

查理·齐瓦勃是美国著名的伯利恒钢铁公司的董事长。公司旗下有一家工厂的工人总是完不成定额，为此齐瓦勃换了好几任厂长，但总是无法奏效，于是他决定亲自处理这件事。一天，齐瓦勃来到工厂的厂长办公室，问道："事情怎会这样呢？那个目标并非不可完成啊？"

"我也不知道是怎么回事。"厂长为难地说，"我向那些人说尽好话，又发誓又赌咒的，但就是不管用。我甚至威胁要把他们开除，也没有一点效果。他们就是完不成定额。"

"请你领我到厂里去看看吧。"齐瓦勃说。当他们来到工人作业的地方时，正值白班工人要下班，夜班工人即将接班。齐瓦勃就问一个白班工人："请问你们今天一共炼了几炉钢？""一共6炉。"工人回答。齐瓦勃拿起一支粉笔，在一块小黑板上写了一个大大的阿拉伯数字"6"，然后就一声不吭地离开了。夜班工人上班了，当他们看到黑板上出现了一个"6"字时，都十分好奇，忙问白班工人那是什么意思。"董事长今天到这里来了，"那位白班工人说，"他问我们今天一共炼了几炉钢，我们说6炉，他就在黑板上写下了这个数字。"

第二天一大早，齐瓦勃又来到工厂。他看了看黑板，见夜班工人把"6"换成了"7"，就微笑着离开了。白班工人来上班时，都看到了那个"7"。一位白班工人激动地大叫道："什么意思嘛！这分明就是在说我们白班工人不如他们夜班工人干得多，我们倒要让他们看看到底谁比谁强！大家说是不是？"白班工人们都大声附和。

就这样，白班工人为了向夜班工人显示出自己的能力，都加紧工作，当他们晚上交班时，黑板上出现了一个巨大的"10"字。于是，两班工人互相挑战，展开了激烈的竞争。很快，这家产量一直落后的工厂成了所有工厂中业绩最好的。

齐瓦勃仅仅用了一个小小的"6"字就改变了工厂的面貌，解决了打骂甚至开除威胁都办不到的事情。齐瓦勃的高明之处，就在于他唤起了工人们的责任感，责任感又激发了他们的竞争意识。那家工厂的工人们原本做事一向都是拖拖拉拉、毫不起劲，可突然出现的竞争压力，激发起了他们勇于承担责任的士气，使得工人充分发挥出他们的能力，创造出骄人的业绩。

人生活在这个世界上，有时会被眼前的假象所蒙蔽，失去积极自信的一面，随着消极的心态做出错误的判断，就像正在行驶的车轮突然跑偏了一样。一旦让心灵的方向跑偏，消极的情绪就会让你变成一个任其摆布的奴隶，迷失在茫茫无际的苦海里，怨天尤人地感叹命运对自己多么的不公，幸福快乐的生活为什么总是离自己那么遥远？等你从抱怨中回过神儿来的时候却发现自己已经是枯萎了的花朵，时光在不知不觉中已经悄悄溜走，到头来你还是一无所有。而从心开始的改变，才是负面情绪转化为良性情绪最好的催化剂。

2. 苦中作乐是个技术活

我们为什么害怕痛苦和困难？因为生活中的不如意剥夺了我们快乐的权利，因为压力我们享受不到生活中本来应该有的轻松和愉快，所以，我们害怕困难。就像害怕《哈利·波特》里面的摄魂怪，无影无踪却让每一个见过它的人都不寒而栗。应对摄魂怪的最佳武器是魔法师们的守护神，而我们幸福的守护神是什么呢？

答案就是：希望与微笑。

记得很久以前在《读者》上看过一篇文章，叫《第一只知更鸟》，里面有一段话我至今记忆犹新：冬季甚是漫长，而且十分寒冷。雪堆积已深，而春天尚未来临，我清晨起床，从窗户往外看，见一知更鸟。……那天我进城去，人们说："索菲，这个冬季真是既长又冷。"我回答："不要再跟我提起冬天。"他们说："为何不要提起冬天？你看温度计和装了煤炭的筒子。"我却骄傲地昂首说："不要再跟我提起冬天。我今早看见了知更鸟，对我而言，春天已经来临。"

文章的其他内容已经记不起来了，但第一只知更鸟却在我脑海中留了下来。同样面对寒冷的冬天，有人看到的是冰雪和炉子，有人却在黑暗中看到了希望。工作压力太大，人际关系处不好，领导处处刁难，同事处处排挤……似乎总能找到不快乐的理由。但是，你真的没办法去改变了吗？

奈克是一个 IT 公司的高层技术人员，工作五年的他已经被工作磨成了一个标准的"IT 男"，他戏称自己是起得比鸡早，睡得比狗晚，吃得比猪差，干得比驴多。每天顶着星星出门，顶着星星回家，都快忘记太阳长什么样子了。

记得第一次见到他的时候，是在一次企业的培训上，他是这样形容自己的："从我起床到离开家这段时间内，我很少微笑，也很少说上几句话。都快不记得如何微笑了。"这段话给了我很深的印象，于是，我在那次讲座后布置了一个任务，每个人都要学会微笑过一天。

当第二次见到他的时候，他给我讲了他的"微笑成果"。他说，从你布置任务的第二天，我就对着镜子看我自己的脸，并对自己说："你今天必须要把你那张凝固得像石膏像的脸松开来，你要展出一副笑容来，就从现在开始。"

于是，坐下吃早餐的时候，我脸上有了一副轻松的笑意，我向我太太打招呼："亲爱的，早！"

你曾告诫过我，她一定会感到很惊奇，但你低估了她的反应。当时她迷惑了、愣住了。我可以想象到，那是出于她意想不到的高兴。我告诉她以后我们都会这样。从那以后，我们的家庭生活，完全变样了。

现在我去办公室，会对见到的同事微微一笑，说："你早！"去餐厅吃饭时，对里面的伙计，我脸上也带着笑容。甚至在路上，对那些素昧平生从没有见过面的人，我的脸上也带着一抹笑容。

不久我发现每一个人见到我时，都向我投来一笑。甚至以前那些我认为对我怀有敌意的人都对我和蔼起来。最近，由于我们团队的齐心合力，刚刚为公司完成了一个大项目，下个月公司为我们安排了一趟泰国游。我第一次觉得生活中开始有了阳光，而微笑竟然就是带给我好运的开始！

微笑是人特有的表情，它是人表达自己的情绪和自己好感的一个基础表情，一个从来不会微笑的人给人的印象通常是会冷冰冰的，不近人情的。谁也不愿意碰冷钉子，长此以往，人群自然会对你敬而远之了。

微笑的产生其实是一种心态的改变，不仅能够换来对应的回报，还能让自己的心态发生积极的变化。如果你觉得自己笑不出来，那怎么办？不妨试一试——强迫自己微笑。

如果你单独一人的时候，吹吹口哨、唱唱歌，尽量让自己高兴起来，就好像你真的很快乐一样，那就能使你快乐。哈佛大学一位已故的教授詹姆斯曾说："行动好像是跟着感觉走的，可是事实上，行动和感受是并行的。所以当你需要快乐时，可以强迫自己快乐起来。人们都想知道要如何寻求快乐，这里有一条途径，或许可以把你带进快乐的境界。那就是让自己知道，快乐是出自自己的心情，不需要向外界寻求的。不管你曾拥有些什么，你是谁，你在何处，或者你是做什么事的，只要你想快乐，你就能快乐。"

3. 锻炼自己承受挫折的能力

情绪虽然是个看不见摸不到的东西，但它可是很娇气的。如果你把它置之不理，甚至漠不关心，它也会兴风作浪，给你生出无尽的祸端。

潇潇的身体最近总是出现食欲降低、胃肠胀气、食道泛酸水的状况，她觉得胃很不舒服，有种烧心的感觉。经人介绍去看过一位知名的老中医，医生经过诊断得出结论，是情绪过度紧张与焦虑引起的。长期被不良情绪干扰，对消化功能的负面影响非常大，再加上太焦急或者生气，病情就会加重。医生告诉她，要想彻底治愈这种病症，必须首先克服紧张、焦虑的心态。有意识地控制好情绪，把饮食习惯建立好。

潇潇是一家通讯公司市场开发部的主管，总部要求她们在期限内拿下南方市场，但最近市场开拓的进展异常不顺利，让她一筹莫展，情绪上有了很大的波动，就是工作上的这种压力诱发了她的肠胃病。身体敲响了警钟，医生的忠告也在耳边回响，但是情绪有时候就是不太受她的掌控。想起来的时候她也会注意一些，但大部分时候还是忘到九霄云外去了，导致胃病一天比一天重了。

一个偶然的机会被朋友拉去听了一堂名人的讲课，讲课的内容她大部分都没记住，但有关怎样培养良好的心态的那一节，她是很认真地听进去了，而且还仔细地做了笔记。她觉得很有道理，也跟自己目前的情况很吻合。她决定试一试，不管是工作或者生活当中她都照笔记上做，反复地练习，功夫不负有心人，一段时间之后，她终于练成"护体神功"，各种情绪的波动渐渐都在其掌控当中了。再加上药物的辅助治疗，她的肠胃在良好的饮食习惯中渐渐恢复了健康，身体好、心态好，也导致事业获得了一些骄人的成绩。

像潇潇所患的这种现代病是目前白领一族里最普遍的现象。巨大的精神压力还让很多人出现了头疼、失眠、记忆力下降等症状，怎样练就潇潇那样的"护体神功"，控制住我们的不良情绪呢？以下为你介绍一种简单乐活方法。

首先要学会假装，当你在生理上假装拥有某种心态，你就会实现那种状态。也就是说，如果你能改变你的举止、神情、语气，你就能立刻改变你内心的状态。在你受到不良情绪影响的时候，不妨让自己的视线望向窗外，抬起头仔细地观察天空，利用视觉转移的短暂空隙，你可以改变一下你的神情、你说话的语气、你将要爆发的状态，让自己的身心放松下来。然后，再让自己假装不生气，假装有很好的事情来临，假装微笑。在做这些的同时，你的内心要绝对地认可这些事情，你要认为你能做到，从内心发出这个声音，你会发现，身体上的改变竟然带动了你情绪的改变。那么，恭喜你！你做到了，把假装变成了真实的事情。其实这是很简单的一个道理，"身心"是分不开的，有身才有心，肢体语言的改变传递到你心里，让你的心自然而然地接受了这个改变的信息，达到身心一致的状态。

当然，这必须依赖于三件事情：

1.你的表里要一致，如果你在做这件事情的同时心里想的和你做出的动作不一致，比如，你的动作上告诉别人你此时是信任他的，但心里在想的却是"你肯定不行"，那么你的练习注定是失败的。

心理学家说，人的情绪会呈现在脸上，这个说法倒过来看也是对的，如果你的表情呈现的是悲伤，那么你的内心就会有这样的感受；相反，你的内心此时非常愉快，你会不自觉地流露出喜悦的神情，这就是身心的相互关系。如果你想拥有控制自己情绪的能力，那么，表里如一是一件很重要的事情。

2.要不断地反复地去练习，在不知不觉中养成这种良好的习惯，达到灵活运用的程度。无论在任何突发的情况下，你都能迅速做出这样的反应，就像渴了就会想到喝水、内急的反应会让你找厕所那样。如果达到这种地步，你的练习就是成功的。

3. 要有乐观的心理暗示，比如像这样的：只要做就有成功的希望，或拥有积极的心态就能成就我想要的，或我认为我行我就真的能行，或与其痛苦地过不如快乐地活，诸如此类的心理暗示会让你保持积极向上的心态。如果你经常使用这样自我激发性的心理暗示，真正地融入到自己的身心，就可以抑制不良情绪的困扰，练就强大的"护体神功"，拥有积极的心态去工作和学习。

除此之外，我们每天还要清除自己的思想垃圾。比如，嫉妒、恨、猜疑等等，学会把这些无益于身心健康的思想扔掉，拥有一颗感恩的心。感谢父母给了我们生命，感谢老师教给我们丰富的知识，感谢恋人给予自己无限的怜爱，感谢我们出生在和平的没有战乱的年代，拥有这样一颗感恩的心会让你感觉真的很知足，不会滋生许多类似于无病呻吟的烦恼。

再就是多与有着积极心态的人交流。古语说得好，"近朱者赤，近墨者黑"。经常与心态积极的人交流，即使是心态不积极的人也会被其同化，慢慢变得积极向上。心态积极的人可以更好地开解自己的心事，她的自信、从容、乐观会不自觉地传染给你，让你的心境明亮起来，让你不自觉地想去模仿他她的神情、说话的语气，以及散发出来的气场，模仿得多了也就被其染色了。

我们要知道：积极地心态并不是与生俱来的，需要你不断地去修炼这种调节情绪的技能。在遇到令你气愤难忍的事情时，也要假装自己不生气，做做心理暗示。每天都要清除自己的思想垃圾，多与积极心态的人交流，是必修的一项功课。这样，你就能轻易的驾驭自己的情绪了。

4. 宁做凤尾，不做鸡头

在工作和交往的过程中，不少人往往会面临这样的选择，那就是：做鸡头还是做凤尾，选择做鸡头，同水平差的人待在一起，就能享受鹤立鸡群的感觉，接受大家的仰视；相反，如果选择做凤尾，同精英人物待在一起，不仅要承受巨大的压力，还难以赢得人们的尊重。正因如此，许多人宁可当鸡头也不愿当凤尾，然而，有一个人却不一样，他不但甘愿当凤尾，还当得乐此不疲，这个人就是新东方的创始人俞敏洪。

俞敏洪刚从农村考入大学的时候是班里最差的学生，那时的他操着一口谁也听不懂的普通话，英语发音如同日文，学习成绩也极差，在一群北大才子当中显得尤为突兀。因此几乎没有优等生愿意跟俞敏洪讲话，他只能自怨自艾。

有一天，俞敏洪因为课业成绩不理想而萌发了退学回老家的想法，便躺在宿舍的床上唉声叹气。这时同宿舍一位叫周华的同学刚好回来，看见俞敏洪的样子有些不忍，便给了他一个苹果。那个苹果触发了俞敏洪的谈兴，他鼓起勇气问周华："你的理想是什么？我最大的理想就是拥有一辆永久牌自行车。"

"我的理想是将来有一辆保时捷汽车。"周华回答说。这个答案让俞敏洪大吃一惊，他突然意识到，如果继续同差生待在一起，被所谓的自卑情绪所纠缠，不去接触那些优等生，自己与别人的差距就会越拉越大，最终再也无法跨越。于是俞敏洪决定放下自尊心去融入优秀者的人群中，从根本上改变自己。

此后的俞敏洪就像变了一个人，他主动承担起了打水与扫地的责任，开始学着和优等生们交朋友。他常常留意大家在读什么书、做什么事，讨论什么话题。看见有同学在背英语教材，他也开始背《新概念英语》，并尝试着写起了诗。在这个过程中，俞敏洪发现自己的思想也变得越来越开阔了，虽然他能感觉到同学们对他的友情带有很大的怜悯成分，但却依然很高兴，因为自己终于可以和最优秀的人一起玩了。

读书期间，俞敏洪曾染上了肺结核，患病期间，他想起自己最崇拜的班长王强曾说过莎士比亚的《十四行诗集》非常经典，便想借来背诵。于是他熬夜给王强写了一封信，请他帮忙借书。没想到王强收信后并没有帮忙，而是回了一封长达十几页的信来教育俞敏洪，说他还没达到读《十四行诗集》的境界，要他去读简单一些的书。

收到信后，俞敏洪不但没生气，反而很感激。因为他从王强的信里学到了许多闻所未闻的新知识，所以他不觉得自己受到了轻视，反而满心都是喜悦。

除了王强，俞敏洪读书时还很仰慕团委的徐小平老师，经常去找他谈话。徐小平口才极好，讲起话来总是旁征博引、口若悬河，经常把俞敏洪说得目瞪口呆。在徐小平面前，俞敏洪只能做个旁听者，带着自卑仰视对方。但他还是坚持隔三差五去团委听教，并在交流中学到了很多东西。

虽然不断进步，但毕业时俞敏洪还是班里最差的学生，全班50个同学，其中49人都出了国，只有他一个人不管怎样都拿不到签证。后来他只好独辟蹊径创办了新东方英语培训机构，并且凭借自己的努力将事业做大，很快就拥有了千万身家。

初步取得创业成就之后，俞敏洪决定找几个伙伴和自己一起干，这时候他想到了大学里两位最优秀的朋友：王强和徐小平。于是他又带着甘当凤尾的想法飞往国外，成功说服了两位朋友同自己一起回国创业。后来三人同心协力将企业做大做强，成为了名震新东方的三驾马车，而俞敏洪也由凤尾变成了凤头，成为了大家心目中最具领袖气质的人物。而由他们的故事改编成的电影《中国合伙人》也于不久前在国内热播，引起了极大的反响。

俞敏洪之所以能取得今天的成绩，与他甘当凤尾的精神密不可分。因为，如果志在做鸡头，那就永远走不出狭隘的观点，根本就难以突破自我；相反，如果勇于做凤尾，就能在与精英们打交道的过程中不断提升自己，最终实现生命中的华美蜕变，找机会实现做凤头的梦想。